現実主義者のための 安全保障のリアル

同志社大学特別客員教授 兼原信克

中国は必ず台湾、尖閣、
南シナ海奪取に動く

ビジネス社

はじめに　令和の若者に何を残すのか

日本は、日米同盟の分厚い被膜の下で、75年間の平和を享受した。鼓腹撃壌《こふくげきじょう》そのままだった。その間に、周囲の安全保障環境は大きく変貌した。ソ連が消滅し、北朝鮮が核武装した。

そして21世紀。新超大国・中国の台頭がもたらす緊張は、誰の目にも明らかになった。今、中国は、これまでの戦略的方向性を大きく逸脱しようとしている。中国は、再び毛沢東時代の強烈なイデオロギーと独裁の時代に戻りつつあるように見える。しかし、その姿は、75年前と大きく異なる。

第1に、中国自身が超大国化している。中国は2030年までには米国の経済規模を抜くと言われている。中国軍は、自衛隊の5倍近い軍事費を使って軍備増強に余念がない。最早、いかなるアジアの国にとっても、中国軍は質量共にモンスターと呼ぶにふさわしい体軀《たいく》となった。

第2に、中国のナショナリズムである。2008年のリーマンショック後、中国は西側の凋落《ちょうらく》を確信した。大中華の自尊心が膨れ上がる。拡張主義的なナショナリズムに国民が陶酔する。そこに愛国教育で刷り込まれてきた過去150年の歴史的屈辱の暗い思い出が、混ざり込む。大清帝国の版図復活が国民的野望になる。「運命共同体」と名付けた中国主導の東亜新秩序構築の野望が噴き出す。中国版「八紘一宇」である。

第3に、中国共産党は中国史上初めて、津々浦々に支配のネットワークを張り巡らせた。そして、新しい電子監視技術は、14億人のコントロールを可能としている。中国国民は徐々に自分の幸福を第一に考えつつあるが、強大な公安組織を擁したまま電子監視国家となった中国共産党の支配は牢固《ろうこ》としており、容易には覆《くつがえ》らない。

第4に、世界貿易機関（WTO）に加盟した中国は、世界市場に依存し、世界もまた中国市場に依存している。ワシントン・コンセンサスと呼ばれる市場経済至上主義が罷《まか》り通る間に、世界の企業のサプライチェーンは毛細血管のように中国に深く根を下ろした。

今日の中国を指導する習近平主席は、文革の吹き荒れた紅衛兵世代の特異な指導者である。大学が10年にわたって閉鎖され、赤いハンカチーフを首に巻いて、激しいアジテーションの下で毛沢東礼賛を日課とさせられた世代である。彼らは自由主義世界を知らない。市民革命、奴隷解放、人種差別撤廃、民族自決、独裁制の崩壊と、夥《おびただ》しい流血の中で、世界中の偉人たちが、２００年以上をかけて1つ1つ石を積み上げるようにしてつくり上げてきたこの自由主義的国際秩序の素晴らしさが理解できない。

20世紀後半、共にソ連と対峙し、ソ連の崩壊を共に祝った中国は、残念ながら今、習近平主席の下でソ連の後釜に座り、中国を中心とした独自の宇宙をアジアに築こうとしている。超大国化した中国が最初に狙う大きな獲物は、日清戦争の結果、日本に奪われ、国共内戦で蔣介石が逃げ込んだ台湾の併合である。台湾併合を唱えることは、中国共産党の正統性を担保する。独裁を続ける中国共産党が権力に居座り続ける理由は、「日欧米列強と蔣介石を中国大陸からたたき出し、繁栄する強国をつくり上げたのが中国共産党である」という建国神話に求められる。その建国神話の有終の美は、台湾併合でなくてはならない。当然、台湾の人々の自由な意思は蹂躙《じゅうりん》されることになる。

台湾有事は朝鮮有事と異なる。日本は台湾に近すぎる。特に先島諸島の与那国から台湾まで110キロの距離しかない。東京と熱海の距離である。中国が設定するであろう台湾周辺数百キロの戦闘区域は、日本の島嶼《とうしょ》を含んだものになろう。米中両核大国の全面戦争はない。核の傘の下にある日本や在日米軍基地に対する本格攻撃も中国は二の足を踏むかもしれない。しかし中国が先島をよけて台湾侵略を考えるというのは、単純に不合理である。

日本に台湾有事の備えはあるか。陸上自衛隊は、以前から沖縄以南の与那国島、宮古島、石垣島に基地を開設してきた（石垣島の基地は2021年8月現在建設中）。航空自衛隊は、2017年に南西航空方面隊を新設した。海上自衛隊も能力増強に余念がない。限られた予算の中で、二度と沖縄の人々を戦火の犠牲にしないという自衛隊の決死の覚悟が伝わってくる。

翻《ひるがえ》って国会はどうか。政府はどうか。メディアはどうか。政治主導の政治が叫ばれて久しい。政治家が国家を運営する時代になった。平成デモクラシーの時代に、官僚主導の政治は廃《すた》れ、真の日本民主主義の胎動《たいどう》が始まった。民主主義とは、国民から選ばれた「普通の人」が国家最高責任者として、世論の風に帆を膨ませ、政府と軍の双方を指揮・指導する仕組みである。果たして、日本の政治指導者は、台湾有事を抑止できるであろうか。あるいは台湾有事に際して、国家と国民と自衛隊を指揮・指導できるだろうか。

残念ながら、日本は未だに55年体制下の国内冷戦の構図に縛られている。米国に与《くみ》した自由民主党と、ソ連に与した社会党は、日本の国を引き裂いた。アイデンティティも引き裂いた。敗戦国日本にはフランスのドゴールのような独自の道を歩む力はなかった。米国につけば日米同盟強化、自衛隊増強という話になり、ソ連につけば非武装中立という話になる。非武装中立は軍事的には不合理であるが、要するに米軍の日本撤収と自衛隊の弱体化を目指すものであり、ソ連の利益を代弁すると思えば合理的な主張であった。

戦後、僅《わず》か7年目の1952年、吉田茂首相が豪胆にも300万人の日本人の命を奪った敵国米国との同盟に踏み切ったとき、国内左派の反発は強かった。続いて日米安保60年安保闘争で、岸信介首相が、暗殺の危険さえ感じながら安保改定に踏み切ったとき、10万人の労働者と学生のデモが国会を取り巻き、岸は政治生命を消耗し尽くして退陣した。

その後は中曽根康弘首相まで、国内左右陣営の双方に気を配り、左派を刺激する安全保障問題に深入りせず、経済成長に邁進《まいしん》する首相が続いた。国内冷戦下の調整型首相である。安全保障問題は国会の予算審議の花形案件となったが、東側陣営に与した社会党などの野党から出てくる議論は、日米同盟と自衛隊の運用にいかに枠をはめ、弱体化させるかという議論が主流だった。戦後日本の赤心の平和主義には、外国の利益が夾雑《きょうざつ》していた。

政府の答弁は、自衛隊の配置と運用、日米同盟の構造と運用といった現実主義的な議論ではなく、小手先の法律論に終始した。3四半世紀の間、言論の府たる国会と日本政府は、国民に対して、現実主義的な戦略論、軍事論を提示することを怠った。例外と言える首相は、吉田茂、岸信介、中曽根康弘、小渕恵三、小泉純一郎、麻生太郎、安倍晋三の7人のサムライのみである。

冷戦が終わり、すでに30年が経つ。サダム・フセインのクウェート侵攻失敗後の湾岸地域での機雷処理、国連平和維持活動（ＰＫＯ）への参画、村山富市社会党政権の日米同盟是認、北朝鮮核危機への対応と周辺事態法の制定、9・11事件後のインド洋への海上自衛隊、イラクへの陸上・航空自衛隊の派遣、有事法制整備等を経て、安全保障をめぐる国民世論は確実に成熟してきた。

ところが、第2次安倍政権で集団的自衛権の限定行使を認めた平和安全法制を巡っては、突如、埃《ほこり》を被っていた55年体制下の激突型安保国会劇場が、機械仕掛けのようにぎしぎしと音を立てて甦《よみがえ》った。国会の周りを色とりどりの旗を立てた労組の人々が取り囲み、全学連の深紅の旗や全共闘の紫紺の旗が翻り、「シュプレヒコール」と叫ぶ声が広い車道にこだました。昔を懐かしむシニアな人が多かった。全てがセピア色だった。

野党民主党の若手の国会議員の中には、集団的自衛権行使の必要性を痛感している優れた現実主義者も多かった。しかし、「安保といえば激突だ」という60年安保、70年安保に郷愁を感じるシニアな野党議員も多かった。政治メディアも久々に安保劇場のカーテンが上がることを期待した。国会論戦は、再び不毛なイデオロギー対立と物理的衝突の場に堕した。「徴兵制復活」のフェイクニュースさえ、大量にネットに出回った。

しかし、一時の混乱を経て、今日では、平和安全法制の必要性は多くの人々が認めている。令和の若人の多くは、日本社会党の存在さえ知らない。かつて日本を引き裂いた国内冷戦の痛みに対して関心すらない。彼らは前を見ている。自分自身が生きて行く日本がどうなるのかという点に不安と関心が集中している。彼らの多くは、自分と自分の家族の幸せと発展を願う真摯《しんし》な若者である。個人主義者、自由主義者であり、同時に現実主義者である。

令和の日本を担う彼らは、いつか言うであろう。平成の人たちは、防衛について、財政について、国家について、一体、何を令和の我々に引き継ごうとしていたのか、と。今は、令和の若者に残せるものを国民的に議論するべきである。からくり仕掛けの安保国会劇場の幕を下ろすときである。もはや無観客の劇場である。このままでは将来の日本人から、平成世代はあまりに無責任だったと言われかねない。今、すでに国民は、国会で、メディアで、現実主義的な安保論争を求めているのである。

小著が、真剣に安全保障問題を考える若人にとって一筋の灯りとなることができれば、望外の喜びである。この小さな本は、これまで安全保障問題に関して、筆者が産経新聞「正論」欄、月刊「正論」、「公研」「ダイヤモンド・オンライン」「海外事情」等の各紙誌に発表した論考を、ビジネス社（元産経新聞）の宇都宮尚志氏が熱意をもって再構成してくださったものである。宇都宮氏の御助力なくして、本書が世に出ることはなかった。厚く御礼申し上げたい。

令和3年9月　目白の書斎にて

兼原信克

第3章 中国の「歴史の復讐」が始まった

第4章 転換する戦後日本外交

第5章 対中戦略をどう描くか

第6章 新たな核戦略の議論を

第1章

中国は必ず台湾、尖閣奪取に動く

1 台湾有事のリアル

急浮上する台湾海峡の動乱

これから東アジア情勢の焦点になってくるのが台湾問題である。米国は18世紀末の独立以来、初めて自分と対等の大きさを持つこととなる大国、中国と対峙することになる。主権国家は平等であるが、国際社会には序列がある。両雄は並び立たない。米中はよって立つ価値観を異にする。人間の自由意思に秩序の正統性を求める米国と、中国共産党の体制維持に至高の重要性を与える独裁の中国である。両者の権力闘争は不可避である。

軋《きし》む米中関係の中で急浮上してきたのが、台湾海峡を巡る動乱の可能性である。米国と並び立つであろう中国は、台湾の侵略と併合を「核心的利益」と位置付けている。それは日清戦争で敗北した大清帝国の屈辱を晴らし、蔣介石との未完の国共内戦に止めを刺す戦争であり、萎《しな》びた共産主義イデオロギーに替えて、中国共産党の正統性を担保するために飾り立てた中華人民共和国「建国神話」の栄光の最終章となる。台湾の武力併合は、建国の父である毛沢東に並ぶ業績を求めてやまない習近平主席の野心であり悲願である。愛国教育を通じて吹き込まれたナショナリズムに陶酔する中国国民も、今や習近平の背中を押しかねない。

果たして中国は、全世界を敵に回して、台湾を侵略し、2300万人の自由な台湾人が幸せに暮らす台湾島を蹂躙《じゅうりん》するだろうか。香港の自由を絞殺した習近平主席である。やらないとは限らない。しかし失敗の代償があまりに大きいことも事実である。

安全保障の基本は、将棋と同じである。先ず、相手の駒揃えを見る。相手の能力が著しく低ければ、相手にする必要すらない。相手の能力が高ければ、相手の手を読まねばならない。虚を突かれれば総崩れになる。中国は、さまざまなシナリオで台湾侵攻の能力を備えつつある。能力が備わってしまえば、後は、最高指導者の意思とタイミングだけの問題となる。

台湾侵略に現実味はある。中国を関与し、台湾海峡の平和と安定を確保し続けることが、日本にとって、米国にとって、最優先の外交課題であることは言うまでもない。しかし、関与外交が崩れたとき、武力紛争を抑止するのが安全保障の要諦である。「まさか」に備えるのが安全保障である。防衛力整備には巨額の予算と長い時間がかかる。

今、台湾の安全保障はとても万全とは言えない。米中国交回復以後、台湾と米国との同盟関係は消えた。米議会のつくった台湾関係法があるだけである。台湾は本格的な米軍との共同訓練や共同作戦も行っていない。また、米国の同盟国は、米国の核の傘と引き換えにして自らの核の選択を封じ、核不拡散体制にコミットした。中華民国（台湾）も例外ではない。台湾も米国の圧力の下で核開発を封じたが、今の台湾に米国の核の傘はない。

米国の太平洋同盟国も、あてになるのは日豪だけである。経済規模でロシアに追いつき、軍事費で日本に追いついた韓国は、未だに米中間を右顧左眄《うこさべん》して腰が据わらない。北大西洋条約機構（ＮＡＴＯ）の居る欧州正面に比して、米国の西太平洋条約網が脆弱であることは否めない。

危機感を露わにした『防衛白書』

7月に発刊された『防衛白書』（令和3年版）は台湾情勢について、初めて危機感を露わにした。白書は「中国は中国軍機による台湾南西空域への進入など台湾周辺での軍事活動を一層活発化させている。一方、米国は米艦艇による台湾海峡通過や、台湾への武器売却など、軍事面において台湾を支援する姿勢を鮮明にしている。台湾情勢の安定は、わが国の安全保障や国際社会の安定にとって重要であり、一層、緊張感を持って注視していくことが必要」だと述べている。『防衛白書』が台湾情勢についてここまで踏み込んだのは初めてである。

中国と台湾の軍事力の比較

中国		台湾
約204万人	**総兵力**	約16万人
約97万人 ・戦車など約6000両	**陸上戦力**	約９万人 ・戦車など約700両
艦船　約730隻　212万トン 空母・駆逐艦・フリゲート　約90隻 潜水艦　約70隻 海兵隊　約４万人	**海上戦力**	艦船　約250隻　約20.5万トン 空母・駆逐艦・フリゲート　約30隻 潜水艦　４隻 海兵隊　約１万人
作戦機　約2900機 第4・5世代戦闘機　1146機	**航空戦力**	作戦機　約520機 第4世代戦闘機　325機

（『防衛白書』令和３年版より作成。資料はミリタリー・バランス2021などによる）

しかしながら、緊張感をもって注視するだけでは、中国の抑止はできない。台湾は米本土とは1万キロ以上離れているが、中国本土とは200キロの距離である。距離は残酷である。仮に中国が台湾侵攻に踏み切ったとき、1万キロの太平洋の大海原を時速数十キロの輸送船で米陸軍や海兵隊を輸送するには時間がかかりすぎる。太洋をまたぐ大規模戦力投射は、世界最強の米軍といえども、大変な作業なのである。もとより米空軍は爆撃機を投入し、米海軍はトマホークミサイルで対抗することができる。しかし、爆撃機や巡航ミサイルだけでは戦争は終わらない。

最後は物量がものをいう。日本の5倍に迫る巨額の軍事費で作戦能力の向上を高める中国は、核・ミサイル戦力や海上・航空戦力を中心に軍事力の質・量を広範かつ急速に強化している。さらにサイバー戦や電磁波による攻撃、宇宙戦といった新たな領域での優勢を確保しつつある。

習近平主席は2020年12月の全国人民代表大会（全人代）常務委員会で、改正国防法を採択し、「習近平思想の強軍思想」の貫徹、重大安全保障領域として宇宙、電磁波、サイバー空間等を新たに規定した。

現在の中台軍事バランスについて、『防衛白書』は「全体として中国側に有利な方向に変化し、その差は年々拡大する傾向にある」と指摘している。中国軍が台湾軍を圧倒するのは、国力の差からして当然である。しかも、台湾の背後にいる米国の力を合わせても、中国は十分に脅威と呼び得る存在になった。米国のインド太平洋軍司令官は、米議会公聴会で「インド太平洋地域での軍事バランスは、米国と同盟国にとって好ましくない状況だ。中国による現状変更のリスクが高まっている、台湾に対する野心が今後6年以内に明らかになる」旨を証言している。この証言は、6年後には、米国の力をもってしても、中国が台湾を併合する能力を達成することはあり得るということを意味している。

米国は急激に、東アジアに、特に台湾海峡問題に関心を移しつつある。米国は、依然としてタリバーンの跋扈《ばっこ》するアフガニスタンからの撤収を決めた。カブールの陥落は悲劇だったが、東アジアに集中するためである。朝鮮戦争、ベトナム戦争以来、初めて米国の戦略的焦点が、欧州、中東からインド太平洋戦域に戻って来つつある。米軍も大わらわで台湾海峡の平和と安定を維持するための態勢を組み上げ始めた。米軍の中国大陸接近を拒否するという中国のA2AD（接近阻止・領域拒否）戦略がますます充実していく中で、中国と目と鼻の先にある台湾を防衛することは決して簡単ではない。

まずは16万人を数える台湾軍が、どれほど持ちこたえられるかがカギになる。米軍の本格的来援には時間がかかる。西太平洋地域に展開する米軍は、直ちに異形の巨軀《きょく》となった中国軍と対峙することになる。中国のミサイル攻撃、爆撃機を恐れて、米空母は接近できない。域内の米軍は、残存性を高めるために、頻繁に司令部を移動させ、柔軟に移動できる発射台から無数のミサイルを敵に撃ち込むような戦い方を選ぶであろう。漫画『鬼滅の刃』では、鬼の祖である鬼舞辻無惨が、体内で移動する複数の脳と心臓を持ち、体中から無数の鞭をはるか遠くに繰り出して、鬼滅隊の柱たちを一網打尽にした。将来の米軍の戦い方も、きっとそんなイメージになる。

台湾有事は日本有事である

中国軍は台湾侵攻の際、あらかじめ日本の防衛力の一部無力化を図るだろう。尖閣諸島は中国にとって台湾の一部である。中国には、尖閣を外して台湾を侵略する理由がない。

自衛隊の勢力を台湾に駆け付ける米軍の防護任務から引き離すためにも、尖閣侵略は有益な戦術であり得る。反撃する自衛隊は、中国の攻撃に遭うことになる。南西方面で、中国はサイバー攻撃や電磁波攻撃によって、自衛隊が依存する通信網や電力網等の重要インフラを破壊し、自衛隊の戦闘能力を奪ってくることも考えられる。

更に、米軍の本格来援まで、物量で圧倒する中国軍に台湾軍も自衛隊も域内の米軍も押し込まれる。自衛隊の航空優勢、海上優勢はまだら模様になる。そのときには台湾に近接している日本の先島諸島が中国の戦闘地域に組み込まれるかもしれない。先島諸島に展開している自衛隊の能力を中立化しようと思えば、中国軍の上陸もあり得ないことではない。与那国島は台湾からわずか100キロの距離しかない。東京・熱海の距離である。最近、陸上自衛隊が、宮古、石垣、与那国に基地を順次、設けてきているのは、有事に大兵力を送り込み、先島諸島、沖縄を二度と戦火に巻き込ませないという、決死の覚悟の表れである。

米中両国は、戦略核兵器を保有する核大国である。仮に万が一、台湾有事が勃発すれば、台湾をめぐる米中紛争は、必ず途中で終わる。ワシントンと北京が核兵器を応酬することはない。停戦協定（modus vivendi）が必ず結ばれる。

米中間の停戦協定が、日本にどういう結果をもたらすかは、戦争がどういう状況で終結するかによる。通常、停戦時に陸上兵力が居座るところが、事実上の新しい国境になる。第2次世界大戦後、スターリンは米兵がいないことを見計らって、戦争終結から1カ月後に国後、択捉、色丹、歯舞の北方領土に赤軍を進め、そのまま居座った。トルーマン大統領が拒絶したからいいようなものの、スターリンは北海道の分割さえ狙っていた。同じことが先島諸島で起きない保証はない。外国軍隊は、停戦となっても、一度、上陸してしまえばなかなか引かない。そうなったら万事休すである。

日本一国で中国と対峙することは不可能である。日本は日米同盟の基本に戻らねばならない。菅義偉首相とバイデン大統領との4月の共同声明に、台湾海峡の平和と安定という文字が半世紀ぶりに躍った。それは1969年の佐藤栄作首相・ニクソン米大統領の共同声明以来であった。米国の勢力圏内にある台湾が、日米同盟の防衛対象として含まれ得るということを宣言したのである。それは今回の菅首相のバイデン大統領との共同声明も同じである。

佐藤首相の兄、岸信介首相が政治生命と引き換えに改定した日米同盟は、米軍が日本を核として守りながら、日本にいる在日米軍が日本の基地を使って、周辺の韓国、台湾、フィリピンを守るという構図が基本になっている。これが日米同盟第6条の極東条項の意味であり、同条が構想する地域安全保障の構図である。韓国、台湾、フィリピンは、冷戦初期、かろうじて米国の勢力圏に残ったアジアであった。台湾は米国との同盟を失ったが、台湾が米国の勢力圏から出たことはない。米国も日本も中国による台湾の武力併合を認めたことはない。

日本はその後、日米安保体制の強靭化と、自衛隊の任務と役割の強化を進めてきた。その中で、日米安保条約第6条の地域安全保障における日本の役割と任務を拡大し、日米同盟を徐々に対等にしてきた。小渕恵三首相が周辺事態法を制定して、日本周辺有事での米軍への自衛隊の後方支援を可能にした。安倍晋三首相は、平和安全法制で、さらに一歩進めて、米軍防護のための集団的自衛権行使を認めた。日米同盟の抑止力は、格段に向上しつつある。力を蓄えることで、力を使わずに済むのである。それが抑止である。

毒となった中国の「愛国主義」

バイデン政権は、4月の日米首脳会談に至るまでに、クワッド（日米豪印）オンライン首脳会談や日本や韓国との「2＋2」（外務・防衛大臣）会合など、矢継ぎ早にアジア外交の足元を固めてきた。

バイデン政権以前の、第2次オバマ政権は、気候変動問題に集中して、台湾、尖閣問題やアジアの安全保障問題にほとんど関心を払わなかった。続くトランプ政権は、厳しい対中姿勢を取った。

トランプ大統領と習近平主席の関係は、滑り出しは決して悪くなかったが、貿易摩擦から始まった米中対決は、ハイテク先端分野での中国の急速な台頭や「武漢発のコロナウイルス」による米国人の死者が数十万人に上るようになったこともあって、安全保障問題全般に広がり、米国の対中姿勢は厳しいものに転じていった。中国は日米共同声明が発表されると、即座に「強い不満と断固反対」を表明。「台湾、新疆ウイグル自治区などの問題は中国の内政であり干渉は許さない」と激しく反発した。

確かに今の中国は経済面でも軍事面でも急激に巨大化し、これまでとは激変した。かつて米ソの冷戦時代、中国は、1969年のシベリアのダマンスキー島でのソ連軍との衝突以来、ソ連に恐怖し、西側に寄り添ってきた。厳しい冷戦の最中には中国は西側諸国と共にソ連と対峙した戦略的パートナーだった。西側諸国も中国を喜んで迎え入れた。当時の中国には、台湾問題よりもソ連のほうが差し迫った脅威だった。

米中国交正常化、日中国交正常化が実現したことで、台湾は中国の正統政府としての地位を失った。ソ連の脅威に対処を迫られる中国にとって、台湾に侵攻する余力はなく、中台戦争の危機は去った。

台湾問題が再び浮上したのは、1990年代、台湾が民主化に踏み切ったときだった。

当時の李登輝総統は、初めての総選挙で「自分は台湾人である」と連呼して、国民の圧倒的支持を得た。

中国共産党には「台湾人」という言葉が胸に突き刺さっただろう。中国はチベット、ウイグル、内蒙古、朝鮮半島近辺などに1億人の異民族を抱え込み、共産主義イデオロギーによる求心力が弱まる中で、いかに「国民国家」として統合を図るかということに苦しんでいた。そのときに「同胞」と考えていた台湾の人々から、「台湾人」という別のアイデンティティが生まれたことに対する衝撃は大きかった。

そもそも中国共産党は無神論であり、暴力的革命と独裁を信奉している。そうした共産主義国家が1億人の少数民族をまとめる包摂的なアイデンティティなど創出することはできない。人々に共感を呼び起こし、心の芯を揺さぶることができない。魂が反応しないのだ。

ソ連も同様だ。遂に「ソ連人」は生まれなかった。共産党独裁下の「ユーゴスラビア人」も生まれなかった。そしてソ連もユーゴスラビアも、最後は破裂して多数の少数民族が飛び出した。

これに対して、米国人は異なる歴史を持った3億人を強烈なアイデンティティでまとめ上げた。キリスト教の愛と啓蒙思想の自由を「アメリカ人」という心の芯に据えた。同じ

「想像の共和国」であるインドネシアも、初代大統領のスカルノがパンチャシラ（信仰、人道、統一、民主、公正）を国是に掲げて、バラバラだった無数の島々の人々に新しいアイデンティティを与えた。

中国は新たに愛国主義を共産党の正統性に据えて、再び国家統合を果たさなければならなくなった。台湾人が台湾人としてのアイデンティティを叫ぶとき、中国は国がバラバラになるのではないかと恐れた。中国は、李登輝政権が民主化を進めようとしていた95年、96年に、台湾の沖に演習と称して数多くのミサイルを撃ち込んだ。中国とは違う道を進もうとする台湾に対して、それを許さないという力のメッセージだった。

驚いたのは米国だ。直ちに米空母部隊が急行した。「台湾海峡ミサイル危機」の勃発だった。だが90年代の中国はとても米海軍の相手にはならなかった。激しい屈辱感を胸に秘めたまま、中国は引き下がったが、この思いは暗い情熱となって中国の中にくすぶり続けた。

鄧小平の下で改革開放に舵を切った中国は、市場経済を導入した時点で、共産主義思想は崩壊した。中国共産党は新しい独裁的支配の正統性の根拠を必要とした。そこでつくり出されたのが愛国主義を鼓吹する中華人民共和国の建国神話である。「列強に支配された屈辱の歴史を終わらせ、中国を強国に育て上げたのは共産党である」という神話を生み出した。

しかし、この「官製の愛国主義」は、中国が経済大国となった今日、毒となった。中国人は力による拡張主義に陶酔するようになった。香港を締め上げ、南シナ海、東シナ海をわがもの顔で占拠するようになった。

今や中国は米国に匹敵する大国となった。九州・沖縄から台湾、フィリピンを結ぶ第1列島線以西には、米国の軍事力の展開は許さないというA2AD戦略が現実化しつつある。極超音速（マッハ5以上）ミサイルも登場した。米空母すらもはや近づけないような海上優勢を獲得する勢いだ。

これに対し、米国は一方的な武力行使による中国の台湾併合は決して許さないだろう。台湾は今、自由の島である。台湾は一貫して戦後米国の勢力圏内にある。それを失うことは米国がアジアのみならず自由世界のリーダーとして中国に屈服することを意味する。日米首脳会談での共同声明はこうした状況で打ち出されたものである。

居合の構えが紛争を抑止する

台湾有事は起こさせてはならない。台湾有事が起きれば、米軍の本格来援まで、台湾と日本が矢面に立つ。日本は西太平洋の出城である。北米大陸の本丸と違って、矢面に立つことになるのである。中国が台湾を攻めるときに日本を本格的に攻めるかというと、その選択肢は軍事的には合理的ではない。徳川が上杉を攻めると決めたときに、先に武田を攻めるかというと、それは愚策である。何も二正面で戦端を開く必要はない。

台湾有事が始まれば、在日米軍基地には続々と米軍が蝟集《いしゅう》する。だからと言って、横田や嘉手納、あるいは首都東京を爆撃すれば、日米同盟自体が本格的に立ち上がる。それは先制奇襲攻撃で一気に米国と片を付けようとして真珠湾に突っ込んでいった山本五十六連合艦隊司令長官と同様の戦略的な過ちを犯すことになる。中国が日本爆撃をやらない保証はないが、現実的には、台湾海峡に限定的した短期決戦を目指すと考えるほうが合理的である。

しかし、冒頭に述べたように、それでも先島諸島は物理的に巻き込まれる恐れがあるのである。南西諸島における局所的な戦闘、サイバー攻撃、フェイクニュースによる烈度の高い情報戦、特殊兵やミサイルによる重要インフラの破壊は覚悟しておく必要がある。

中国は、国際経済に深く半身を浸した巨竜である。米中日を巻き込んだ台湾海峡紛争は、世界経済に巨大な打撃を与えざるを得ない。数多くの在中国日本企業も、米国企業も、出国を拒否され、送金を遮断され、人質に取られるかもしれない。中国に伸び切ったサプライチェーンは断絶する。日本が輸入のほとんどを中国に依存するレアアースも止まる。台湾が破壊されれば、世界の最先端微細集積回路を搭載した半導体製造を一手に引き受けている台湾積体電路製造（ＴＳＭＣ）は、破壊されるかもしれない。クリーンでデジタルな未来社会を支える半導体は現代社会の基盤たる戦略物資である。その半導体市場に大きな影響が出る。

だから台湾有事は起こさせてはならないのである。孫子の兵法の中国は、敵の虚をつく。静かに腰を落とし、柄に手をかけて、居合《いあい》の構えを見せていれば紛争は起きにくい。ぼーっとしているとまた「予想外」の有事になる。習近平主席は、台湾侵攻に失敗すれば、権力の座から追われ、戦争の帰趨《きすう》次第では、共産党の一党独裁さえ危なくなるのだから、台湾有事は起きないと言う人はいる。外交上の分析として、そういう意見は傾聴に値する。

しかし、軍事とはそういうものではない。最高指揮権を持つ指導者が軍に出動を命じるとき、それをだれも止めることはできない。誰かが最高指導者を暗殺して命令を変えない限り、軍は怒濤《どとう》のように動き始める。開戦に際しては、千仞《せんじん》の谿《たに》に積水を決すように動けというのが孫子の教えである。軍を止めるのは軍しかいない。

台湾海峡紛争を抑止すべきなのは当然である。外交努力を積み重ねるのも当然である。そのためにクワッド、自由で開かれたインド太平洋構想を進めるのも当然である。しかし、習近平主席が、先進国の外交官のような合理的な思考をする保証はない。ヒトラーの心を読めた人間はいない。スターリンや毛沢東の心を読めた人間もいない。独裁者は、自分自身の誇大な野望、あるいは保身、さらには体制の存続など、普通の人間とは全く異なる理由で戦争を始めることがある。職業外交官は神様ではない。独裁者の冒険を抑えようとしても、外交には限界がある。

外交が行き詰まったとき、紛争が武力紛争に転じないように構えているのが軍の仕事である。最良の結果を生もうとするのが外交官であり、最悪事態に静かに備えるのが軍である。外交が失敗したとき、軍が何の準備もしていなければ、余計に紛争が起きやすくなる。万が一に備えるのが軍の仕事である。軍の無言の力を圧力にして、紛争が武力紛争に転化することを防ぎ、改めて外交の場に戻るのが安全保障政策というものである。防衛力の整備、十分な軍事態勢構築には時間がかかる。お金も必要である。だから常に最悪の事態を考えておかねばならないのである。

軍が態勢を整えれば、事態がエスカレートするという危惧がある。しかし、その議論は今の中国には当てはまらない。中国は、子どもが大きくなるようにして、急激に巨軀を膨らませている。今の西太平洋を不安定にしているのは、中国の台頭そのものなのである。不用意に中国を刺激するのは愚かであるが、すでにモンスターのようになってきた中国軍に吹き飛ばされないように構えを固めることが求められているのである。

2 緊張高まる尖閣の守り

棍棒外交に転じた中国

毎年8月になり、中国漁船の東シナ海での操業が解禁になると、「またしても中国漁船が大挙して尖閣諸島に押しかけてくるのではないか」と言う、不穏なニュースがテレビに流れる。2016年8月5日、200隻から300隻の中国漁船が、大挙して尖閣諸島周辺に来襲した。その悪夢のような記憶が国民の中に残っているのである。この漁船の大群を追うようにして、中国の巡視船が大挙して尖閣諸島周辺の接続水域、領海への侵入を繰り返した。あの年、8月5日から9日にかけて尖閣周辺の領海に侵入した中国公船はのべ28隻に及ぶ。8月8日には最大15隻の中国公船が尖閣諸島周辺の接続水域で視認された。多くの巡視船は武装していた。

これほど大規模な中国漁船団と巡視船艦隊に尖閣周辺水域に来襲されて、中国から「示威行動のような政治的意図はない」と言われても、「はい、そうですか」と簡単に信じられるものではない。

当時、政府部内にいた私は、１９７８年4月から5月にかけて、日中平和友好条約締結交渉の最終段階で、夥《おびただ》しい数の中国漁船が尖閣諸島周辺に蝟集し、のべ３５７隻が領海に侵入し、１２３隻が不法操業した事件を思い出していた。交渉の過程で、中国は鄧小平の立場に従い、「尖閣諸島を巡る問題は棚上げする」と主張していたが、日本政府は、中国が尖閣に対する領有権を主張し始めたのは１９６９年に国連が石油埋蔵の可能性を示唆してからにすぎず、「尖閣を巡る領土問題はそもそも存在しない」と突っぱねていた。業を煮やした中国政府が、恐らく尖閣を巡る領土問題を、実力で物理的につくり出そうとしたのだろう。

今では蔣介石日記等の研究から、第2次世界大戦中にカイロ首脳会談で、ルーズベルトに対して沖縄を要求しなかったことをずっと後悔していた蔣介石中華民国（台湾）総統が、米中国交正常化によって米国に切り捨てられかかった折、せめて石油が出そうな尖閣諸島くらいは中華民国の領土として要求しておきたいと考えて領有権主張を始め、それに中華人民共和国が乗ってしまったというのが、本当の経緯らしいということになっている。

中国の尖閣周辺での本格的な実力行使が始まったのは２０１２年の後半のことである。日本では安倍晋三政権、中国では習近平政権が発足する直前のことである。その年の春、石原慎太郎都知事の尖閣購入発言が話題を呼んだ。実際、東京都は尖閣購入の基金を募集し始めた。中国側の反発は必至であった。野田佳彦首相は、「それならば国が買ったほうがまだましだ」と考えたのであろう。「平穏かつ安定的な維持管理」のためと称して、尖閣諸島のうち、当時、民有地であった魚釣島、北小島、南小島の政府購入を決めた。同年9月のことである。

この後、中国公船による本格的な示威行動が恒常化する。数隻の中国海警（中国の海上保安庁に相当）の公船が、恒常的に尖閣周辺の接続水域に常駐するようになった。去る2019年には282日間、日本の接続水域内を遊弋《ゆうよく》している。また、月に2回だった定期的領海侵入回数が、最近は3回に増えた。誤って領海に侵入したという話ではない。無害通航か、有害通航かという次元の話でもない。尖閣諸島の支配を狙った中国国家機関による恒常的な実力行使であり、明白な日本の主権侵害行為である。海軍艦艇を使えば、侵略行為そのものである。

中国が海軍の軍艦を使わないのは、尖閣諸島の実効支配が日本にあり、尖閣が日米安保条約第5条の共同防衛義務の対象となっているからである。流石《さすが》の中国も米軍は恐ろしい。中国は民主党政権時代に傷《いた》んだ日米関係に付け込んで、米国の目の届かない、いわゆるグレーゾーンにおいて中国海軍艦船ではなく海警巡視船をもって日本に対する棍棒《こんぼう》外交に転じたのである。

海洋戦略を周到に主張

現在まで、中国公船による尖閣周辺での示威行動はエスカレートの一途である。２０１８年には、中国公船が所属する中国海警は、国務院（政府）傘下の国家海洋局から正式に中国共産党中央軍事委員会の隷下《れいか》に移った（注：中国軍は政府の国軍ではなく、中国共産党の軍である）。その後、海警局長のポストには、中国海軍の将官が就いた。厳しい海軍式の訓練を受けているのであろう。中国海警の操船技術は日に日に上達していった。

今、中国海警は76ミリという軍艦並みの巨砲を備え、１万２０００トンに達する巨船を運航し、また、中国海軍のフリゲート艦を白く塗って海警の勢力に投入している。76ミリ砲弾は、大人の男でも両手で抱きかかえなくてはならないほどの大きさであり、戦争用の砲弾である。１０００トンを超える大型巡視船の数は、２０１２年当時、海上保安庁のほうがわずかに海警より上であったが、中国は一気に海警の巡視船勢力を3倍近い１３０隻の規模にした。日本の海上保安庁の劣勢は明白であり、現在、遅ればせながら増勢に努めている。

さらに、中国海警の背後には、中国の海軍、空軍がびっしりと後衛を固めている。また中国本土には、台湾が近いこともあって１０００発を超える夥しい数の短距離ミサイルが配備されている。

中国による実力行使は、単なる魚釣島等を購入した野田政権に対する嫌がらせではなかった。尖閣を離れて広く周辺海域に目を向けると、情勢は一層明らかになった。中国は国力の増大に伴い、本格的な実力による海洋拡張主義に転じていたのである。中国公船はフィリピンのスカボロー礁を奪い、ベトナムのヴァンガード礁での石油開発を妨害し、西沙諸島では多数のベトナム漁船を拿捕《だほ》し、南沙諸島ではスビ礁、ミスチーフ礁、ファイアリークロス礁などの岩礁を埋め立て、軍事基地化して3000メートル級の巨大な滑走路を整備していた。

実は、この中国の海洋拡張政策は急に出てきたものではない。法律戦を重要なプロパガンダ戦の一環と位置づけている中国は、何十年もかけて周到に独自の海洋戦略を主張していたのである。

中国海軍の劉華清は、国連海洋法条約が採択された1982年の時点で「近海防御論」を著した。近海と言っても300万平方キロに及ぶ大洋を中国の近海として防御の対象とするという代物である。それはほぼ渤海《ぼっかい》湾、黄海、東シナ海及び南シナ海を含む水域の広さであった。国際法を無視した主張である。沿岸部の水域を面で守るというのは、弱小沿岸海軍（ブラウン・ウォーター・ネイヴィー）の発想であり、世界中の国の領海を12海里に押しとどめ、五大洋を公海として自由に動き回るという大海軍（ブルー・ウォーター・ネイヴィー）の発想ではない。

黄海、東シナ海及び南シナ海を自国の海洋防衛圏として設定するという考えは、当時、沿岸海軍しか持たなかった中国海軍の歪《ゆが》んだ誇大妄想であったのであろう。あるいは戦略的縦深を深く取る大陸国家の陸軍戦略を、そのまま海に適用しただけかもしれない。実際、中国は、排他的経済水域（ＥＥＺ）と大陸棚を「海洋国土」と呼んでいた。

的中した大使の予言

中国は大まじめで、大洋を大陸から面で抑えていくという独特の海洋政策を採った。米国勤務中に筆者が親しくしていた中央情報局（ＣＩＡ）出身のリリー中国大使は、その遺著『チャイナハンズ』において、「中国は侵入して支配者となった元（モンゴル族）や清（満州族）等の異民族を悉《ことごと》く中国化して漢民族に取り込んだが、近代になって海から来た欧米人と日本人は中国を蹂躙しただけだった。中国はこれから海洋に深く戦略的縦深を取る戦略を採るだろう。尖閣、台湾、南シナ海の島々は必ず奪われる」という趣旨を述べている。大使の慧眼《けいがん》である。

１９９２年2月、中国は「領海及び接続水域法」を制定した。その第2条2項は、「中国の領海は、中国陸地領土と内水（内海）に隣接する一帯の海域である。中国の陸地領土は、中国の大陸およびその沿海島嶼を含み、台湾および釣魚島（尖閣諸島のこと）を含む付属各島、澎湖列島、東沙群島、西沙群島、中沙群島、南沙群島および中国に所属する一切の島嶼を包含するものとする。中国の領海基線は陸地に沿った水域をすべからく中国の内水（内海）とする」と定めている。大使の予言は的中した。

劉華清の戦略は、今日に至るまで中国の海洋戦略の下敷きとなっている。1998年、中国はＥＥＺ及び大陸棚法を制定した。さらに2006年、中国は突然、国連に南シナ海全域が歴史的に中国の海であるという文書を提出した。そして牛の舌のような形をした破線で南シナ海のほとんどを囲って見せた（「九段線」）。当初、世界各国は、その余りの荒唐《こうとう》無稽《むけい》さに反応さえしなかった。

南シナ海は地中海より広い。かつて世界中の商人が往来した海の「銀座4丁目交差点」である。今も欧州、湾岸、豪州と東アジアを結ぶ海上交通の要衝である。中国がこの南シナ海を制圧したことなど歴史上一度もない。元と清は騎馬民族国家であり、海洋の支配に関心がなかった。漢民族の明に至っては海禁政策を採り、中国周辺の海は倭寇の独壇場となった。

近代に入って東南アジアの貿易拠点を力で抑え、暴力的に東南アジアを実力で植民地に分割したのはスペイン、ポルトガル、オランダ、イギリス、後にフランスといった欧州勢である。20世紀に南シナ海で覇を争ったのは、ベトナムを支配したフランスと台湾を支配した日本である。中国はプレーヤーでさえなかった。南シナ海の歴史において、一貫して中国の存在感は希薄であった。調べる限りでは、「九段線」は、国民党時代にでっちあげられた一大フェイクニュースである。

しかし、今も中国は大まじめに南シナ海を実効支配しようとしている。これに対し、2020年、これまで南シナ海に強い関心を示してこなかった米国のポンペオ国務長官が、遂に「中国の南シナ海に対する主張は国際法違反である」と明言した。

官邸の指導力が問われる

話を尖閣に戻すと、日本は今後、尖閣と台湾有事との関係に神経を尖《とが》らせねばならない。中国にとって尖閣は台湾の一部ということになっているからである。中国軍は、電光石火の台湾侵攻、米軍来援排除の準備に余念がない。仮に台湾有事となれば、尖閣が一緒に奪われても不思議はない。

昨今、「尖閣領有の意思を示せ」という議論が自民党内でかしましいが、すでに尖閣情勢はその次元を超えている。取るか取られるかという力の次元に移っているのである。外交的な挑発は、中国にエスカレーションの口実を与えるだけである。領土防衛に必要なものは挑発ではない。静かに力を蓄えることが必要である。海上保安庁と自衛隊の静かな増強こそが求められている。親しい米海軍人は「今、一番危険なのは南シナ海ではない。台湾と尖閣だ」と真顔で述べていた。

仮に、尖閣諸島で衝突が起きたとき、警察、海上保安庁、自衛隊といった指揮命令系統の異なる実力部隊の総合運用は、首相官邸の仕事である。特に、いつ、警察、海上保安庁から担当を切り替えて、自衛隊に出動命令をかけるかが最大の政治決断の瞬間である。過早な自衛隊投入は中国に対日開戦の絶好の口実を与える。遅すぎれば海上保安官の命が危い。尖閣も奪われかねない。首相官邸にしかその権限はない。

2010年、民主党政権下で起きた中国漁船「閩晋漁《みんしんりょう》5179」による巡視船「よなくに」、「みずき」への衝突逃亡事件の後、明白な公務執行妨害案件であるにもかかわらず、政府は、船長を不起訴にして釈放した。穏便に済ませたのである。中国は、対抗策として中国駐在のフジタ社員3人を人質にとっていた。邦人保護のために国法を捻《ね》じ曲げたと批判されても仕方がない事件であった。問題は当時の首相官邸が、事実上、指揮権発動に近いことをやっておいて、全ての責任を那覇地検にかぶせたことである。

危機に及んで最高責任者が逃げ惑うようでは、尖閣を巡って万が一の事態になったとき、中国の力押しの前に日本政府は直ちに崩壊するであろう。中国は日本を侮《あなど》るであろう。幸いにして、現在は国家安全保障会議（ＮＳＣ）、国家安全保障局（ＮＳＳ）が首相官邸内に立ち上がっている。尖閣情勢はますます急を告げている。グレーゾーンの危機管理を総攬《そうらん》する官邸の責任はますます重くなっている。

尖閣問題棚上げ論の虚妄

４月にハーバード大学の学者が集まる「ボストン・グローバル・フォーラム」で尖閣問題に関するオンライン・セミナーが開かれた。今更ながら尖閣「棚上げ合意」というフェイクニュースが世間に罷《まか》り通っている現状に驚いた。

領土問題は戦略問題である。戦略的、歴史的文脈の中で大きく問題をとらえないと本質を見誤る。尖閣諸島は、１９６９年に国連機関が周辺に石油が出るという報告書を出して、にわかに注目を集めるようになった。当然であろう。20世紀後半は石油の時代であった。それ以前、尖閣諸島に関心を払った外国政府はない。１９５２年、尖閣諸島はサンフランシスコ講和条約で沖縄の一部とされ、その後、一貫して米軍の軍政下にあった。大正島は米軍の射爆場になった。中国も、台湾も、尖閣の扱いについて一言の文句も言わなかった。

尖閣問題に火をつけたのは蔣介石であった。当時、米中国交正常化に焦る老いた蔣介石は、かつて米英中首脳が集まった戦時中のカイロ会談で、沖縄の中国編入を主張しなかったことを強く後悔していたと言われている。せめて石油の出る尖閣諸島だけでも台湾に譲ってほしいと考えたのだろう。後出しジャンケンである。

同じ1969年、中国はと言えば、フルシチョフ、次いでブレジネフと毛沢東の角逐《かくちく》が頂点を迎え、ウスリー川のダマンスキー島で中国軍とソ連軍が大規模に軍事衝突していた。ソ連軍は強大であり、しかも戦術核兵器を構えていた。敗退した毛沢東は、ソ連軍の北京侵攻を恐怖したであろう。さらに「大躍進」運動で国内は疲弊しきっており、加えて「文化大革命」という第2の悲劇に突っ込んでいた。

八方塞がりの毛沢東は、米中国交正常化、日中国交正常化に活路を見出そうとした。米国と日本の資金と技術を手に入れ、同時に、日米のソ連との対決を煽《あお》って中国からソ連の敵意をそらそうとしたのである。1972年の周恩来と田中角栄の両首相の会談で、周恩来は対ソ不信を爆発させ、日中国交正常化を「一気呵成《いっきかせい》にやりたい」と述べ、尖閣諸島問題については「今は話したくない。石油が出るから問題になった。石油が出なければ台湾も米国も問題にしない」と率直に語っている。そのまま日中国交正常化は実現した。1972年5月、尖閣諸島は沖縄と同様、米国から日本へ返還された。中国からは一言の文句もなかった。同年9月、日中国交正常化が実現した。

1978年10月、日中平和友好条約締結交渉のために日本を訪れていた鄧小平は、福田赳夫首相との会談の後、記者会見で、突如、「尖閣問題の棚上げ合意ができた」と一方的に発表した。鄧小平は、福田首相に会談で「日本が尖閣問題と呼んでいる問題は、今日は持ち出さなくてもよい」と一方的につぶやいただけである。福田首相は聞き流していた。

当時から日本政府の立場は「尖閣を巡る領土紛争は存在しない」というものだった。石油が出たから尖閣は自分のものだという主張を始められても、言いがかりとしか言いようがない。業を煮やした鄧小平は、同年4月に数百隻の漁船団を尖閣周辺に送り込み領海侵犯を繰り返させていた。今から思えば海上民兵の仕業だったのだろう。鄧小平から見れば、実力で領土問題をつくり出し、外交では下手に出て、叩いてはさする硬軟両様の外交で日本を「棚上げ合意」に追い込んだと勘違いしたのではないだろうか。日本は全く取り合っていなかった。

その後、日本は「東シナ海を平和の海にする」と誓い、漁業問題でも石油開発問題でも、中国に対して共同資源管理の方針を愚直に働きかけてきた。しかし、その期待は裏切られた。

21世紀に入り、国力の伸長した中国は、実力をもって一方的な海洋拡張主義に転じた。渤海、黄海、東シナ海、南シナ海を海洋における戦略的縦深性として確保し、沖縄から台湾、ルソン島に至る第1列島線以西に日米海空軍を近づけないというA2AD戦略が現実のものとなりつつある。

2012年夏以降、中国は遂に米国の同盟国であるフィリピンと日本に牙を剝《む》いた。フィリピンのスカボロー礁は事実上奪われ、フィリピンは国際海洋法裁判所に提訴して勝訴したものの、中国は判決を「紙くず」と呼んだ。東日本大震災、福島第一原発事故で疲弊し、民主党政権下で対米関係を大きく損なった日本も侮られた。中国公船が連日押しかけて尖閣周辺で恒常的に主権を侵害するようになった。海上保安庁は一歩も引かない体制を敷いた。中国人民解放軍、自衛隊が後衛をびっしりと固めている。米国も尖閣諸島には日米安保条約の共同防衛条項（第5条）が適用されると明言した。

今日、尖閣問題は法律論争の次元を超えて、すでに力押しの時代に移っている。

第2章

危うい日本の危機意識

1 脆弱なデジタル安保

サイバー能力は世界の下位グループ

最先端のサイバー・セキュリティーについては、この20年くらい、世界中がすごく神経をとがらせている。日本は5Gのようなハードウェアへの対応は早かったが、サイバー攻撃やソフトウェアを使って大量にデータを抜かれるということに関しては、官民そろって危機意識が薄い。

イギリスのシンクタンク、国際戦略研究所（IISS）が各国のサイバー能力を発表したが、日本は3段階でもっとも低いグループだった。1位グループは米国、2位グループはイギリス、中国、ロシアなどである。サイバー空間のインテリジェンス能力で「日本は他国に比べて組織の規模も資金も小さく不足している」と指摘された。

トランプ政権時、米国は中国系動画投稿アプリ「TikTok（ティックトック）」の使用を一時止めたが、なぜTikTokは駄目なのか。入力しているさまざまな情報、例えば姓名、生年月日、位置情報、クレジットカードの番号等が、おそらく全部、中国のサー

サイバー能力の国別順位

1位 グループ	米国
2位 グループ	オーストラリア、カナダ、中国、フランス、イスラエル、ロシア、イギリス
3位 グループ	インド、インドネシア、イラン、日本、マレーシア、北朝鮮、ベトナム

（IISS：Cyber Capabilities and National Power：A Net Assessment）

バーに抜かれているからだ。彼らはそれをスーパーコンピュータを使って高度なインテリジェンス情報に加工できる。ごみの山からダイヤモンドが生まれるのだ。

ＡＩは、人間がペーパーで情報を分析すれば数年かかる作業を一瞬でやってしまう。ミスター某が著名なテロリストと接触している可能性のある場所と時間、泊まったホテル、乗った飛行機、借りた車、その時の写真や電話通信の音声記録などを一瞬で割り出してしまう。一見どうでもいい大量のデータ自身が、人工知能のおかげで非常に価値の高いインテリジェンスを生む。宝の山なのである。中国やロシアには、これらはそもそも個人情報だから盗んではならないなどという遠慮はない。

これが現代のサイバー・インテリジェンス

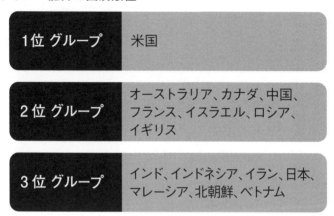

なのである。これは怖い。日本人は抜かれた情報がどうなるのか誰も考えていない。LINE問題も同じである。日本国民のほとんどが使っている巨大なLINEのサーバーが、韓国にあるなどという話はあり得ないことだ。しかもそれが中国人に開示されていたというのだから、事態は極めて深刻である。個人情報を大量にクラウドに入れて、それを外国に置いているのはインテリジェンスやセキュリティー上、あってはならないことである。

20年前、小泉純一郎首相がアフガニスタンでの米軍による「不朽の自由作戦」に対して、海上自衛隊の護衛艦などを派遣した。首脳間では、人の戦争に自国の軍隊を出すというのは、相手への最大級の貸しになる。ブッシュ大統領は「ジュンは盟友だ」と喜んだ。そこで、日米で情報協力を進めようという話になったが、中央情報局（CIA）は「そもそも日本政府はデジタル情報の統合が極端に遅れており、サイバー・インテリジェンスも知らない。サイバー・セキュリティーも恐ろしく甘い」と反対したという。この状況は実は今も変わっていない。

ファイブ・アイズに入れない

スパコンは、例えばこの瞬間に交わされている日本の全ての電信通話やデータ通信を入れても量的に対応できる。そのまま数年間分のデータを蓄積、処理できる。スパコンは大体1台稼働させるのに原発1基分くらいの電気を消費するが、膨大な量の情報をAIで読み取れば、貴重なインテリジェンスになる。電子情報は全て抜き取ることが基本だ。テロリスト集団の解析も、令状1つでできてしまう。中国やロシアであれば令状すらも要らないだろう。

ところが日本では、政府のデジタル統合自体ができていない。縦割りが厳しすぎる。米国では重要インフラや軍需産業は民間でも政府のサイバー・セキュリティーによって守られているが、日本では民間には声もかからない。

デジタル・インテリジェンス・コミュニティーは世界中の国にあって、その中核は外務、防衛、情報機関である。最近はここにデジタル系の科学技術者が必ず入ってくる。最先端の技術を持っている軍需系と電気通信系の企業の技術者である。つまり官民の双方を含む安全保障コミュニティー、インテリジェンス・コミュニティーがあるのだ。それがデジタルに統合されて、高い強度のファイヤーウォールで守られている。政府の中にその巨大なクラウドがあって、関係者全員が縦横に情報にアクセスして検索できる。皆、階級に応じたクリアランスを持っている。この安保に関するデジタル・コミュニティーが、民間のデータフローを牛耳るＧＡＦＡ（グーグル、アップル、フェイスブック、アマゾン）という海の向こうに、要塞のようにどんと存在している。デジタル要塞と呼ぶべき政府クラウドが存在するのである。

日本にはこの仕組みがない。サイバー・セキュリティーもデータ管理も弱い。政府は丸裸同然だ。だから依然として安保関係者は省庁の垣根を越えるときは、ペーパーで仕事をせざるをえない。日本ではデータ・フリー・フロー・ウィズ・トラスト（DFFT＝信頼のできる自由なデータ流通）という取り組みを提唱しているが、巨艦のGAFAを公共財に見立てて、個人情報を守れとか、ヘイトスピーチをやめろという議論が主流だ。肝心の政府全体（先端民間企業も含む）を守る鉄壁の政府クラウドがないため、上半身タキシードで下半身ステテコのような風体だ。今年（2021年）ようやく立ち上がったデジタル庁は、国民サービス向上が主眼で、インテリジェンス、安全保障のコミュニティには触れていない。ファイブアイズの一角をなす某国大使が、「じゃあ、どうしてデジタル庁なんてつくっているの？」と呆れていた。

「ファイブ・アイズ」（米英加豪ニュージーランドによる機密情報共有の枠組み）は、第2次世界大戦中に始まったシギント（傍受を主に利用した諜報活動）を中心とするインテリジェンス協力で、今ではそれがサイバー・インテリジェンス協力の世界になっている。いわばプロの世界だ。そこに入れてもらって勉強するというわけにはいかない。米国のような電子化された政府内のインテリジェンス・コミュニティーもないのに、日本がファイブ・アイズに入れるはずがないのだ。

いつも「もしもし」の電話連絡

政府の「デジタル要塞」がないために、高烈度のサイバー・インテリジェンス攻撃に対する防護など誰も考えていない。

その理由はすごく単純だ。日本の安全保障・インテリジェンス・コミュニティーの中核にある自衛隊、外務省、警察、法務省の出入国在留管理庁、公安調査庁、海上保安庁、財務省の税関、金融庁、経済産業省の安全保障貿易管理部局など、それぞれはデジタル化してきているが、縦割りである。自衛隊は米軍とつながっており、警察は能力が優れており、外務省その他の省庁もそこそこ頑張っているのだが、デジタル統合されていない。だから、いつも電話連絡で「もしもし」なのだ。さすがにファクスでのやり取りはやらないが、最も危険な情報のやりとりはペーパーで行う。絶対にハックされないので安心ではある。サイバー・セキュリティーの脆弱さと、その怖さを知っているからこそ、ペーパーに逆行するのである。鉄砲を捨てて刀に戻るようなものである。

しかし、それでは機敏性に欠ける。情報の処理伝達に時間がかかりすぎる。例えば新潟沖に不審船が停泊しており、「船尾が観音開きになっているようだからスパイ船ではないか」と、見つけた漁船が水産庁に連絡する。それを受けて水産庁は海上保安庁に連絡する。ところがすでに船から乗員が上陸しようとしている。今度は警察、入管、税関の出番になって大騒ぎになる。これが全部、電話連絡で行われる。それが日本なのだ。関係当局全員一斉にデジタルにアラートできない。

日本の役所は独立意識が強い。相当な政治的圧力がないと統合しない。国家安全保障局（NSS）にしても、強力な安倍晋三首相がいたから設置できた。インテリジェンス・コミュニティー間の巧名争いは激しく、縦割り文化はものすごく強い。しかし政治家でこの問題点を分かっている人は少ない。

国際テロ組織アルカイダによる9・11同時多発テロ事件は、無辜《むこ》の市民が2千数百人もテロで殺された。それを連邦捜査局（FBI）は阻止できなかった。大失態だった。その反省から米政府全体の情報統合が進み、情報処理にデジタルとAIの導入が加速された。

日本は冷戦中、左派の人たちから「秘密保護法制反対（友邦であるソ連のスパイを捕まえるな）」という次元の議論が姦《かしま》しかった。日米安保反対と同じ文脈の議論だ。しかし、ソ連が消滅し、冷戦が終わってから30年も経っている。そろそろ真剣に国家安全保障のための世界から周回遅れの国民的議論を始めるべきだ。特にデジタル安保、サイバー・セキュリティーの問題を国民的レベルで論じる時期に来ている。

日本の対策は少年ハッカーレベル

今の政府には民間のサイバー・セキュリティーを強化しようという話はあるが、政府自身をデジタルに統合して政府クラウドを立ち上げ、サイバー攻撃から政府の保有する機微情報や個人情報を絶対に守り抜くと言う発想がない。第2次安倍政権でようやく特定秘密保護法をつくってスパイ対策を厳しくしたが、官民を問わずデジタルの世界は依然として超スパイ天国だ。

イスラエルのベエルシェバには世界最高のデジタル・セキュリティーの本拠地があって、世界中の才能が集まっている。欧州の企業はそこの技術に何億円、何十億円を出すと言われているが、日本はどんな大手企業でも1社3000万円程度だ。「日本はセキュリティー意識が低すぎて市場がない」とイスラエル人が言っていた。こういう状況だから、デジタルスパイをやっている国にすれば、日本ほどおいしい国はない。

日本の場合、そもそも安保関係、インテリジェンス関係の省庁がデジタルに統合されていないという大きな問題がある。加えて、それをやるには技術力が要る。民間企業を掌握している経済官庁の協力が不可欠だ。特に経産省、総務省、その他もろもろの官庁の協力が要る。しかし、冷戦の最盛期でさえ経済官庁と経済界には安全保障にあまり関心がなかった。今もそうだ。インテリジェンスや軍事に関する常識がない。経済官庁と話をすると「何が危ないのですか」から話が始まる。民間企業もそういう所が多い。

依然として日本のサイバー・セキュリティーは少年ハッカー対策のレベルにとどまっている。外国の軍や諜報機関のプロが突っ込んできたら、一瞬でやられてしまう。最高の技師を擁する三菱電機や富士通でさえやられたと報じられている。しかも対抗する人材が少ない。ようやく自衛隊に本格的なサイバー防衛隊ができることになったが、自衛隊法は、自衛隊の仕事を自衛隊の保護に局限している。政府全体を高烈度のサイバー攻撃から守る仕組みがない、だから逆にデジタル統合をせずにペーパーに頼る。ましてや重要民間インフラや、最先端民間企業を守るなどとは考えていない。また、アクティブ・ディフェンス（やり返す）ことも認められていない。日本はやり返さないから、世界中のハッカーにとって怖くない羊の国なのである。自衛隊のノウハウは民間や政府の中で生かされないのだ。

日本ではＮＴＴなどに優秀な人材がいてもグーグルとかに引き抜かれて行く。自衛隊のサイバー防衛隊も、役所が出せる年収の限界が事務次官給与の２０００万円。サイバーの人材は若くても一流企業幹部並みの５０００万円以上を稼ぐ世界だ。ウルトラハッカーになるとおそらく億を稼ぐだろう。人集めは容易ではない。

反軍イデオロギーが悲劇を生む

日本にはサイバー・セキュリティー、さらに言えば安全保障に関する技術者の人材育成のためのエコシステムがない。この点、日本の学界の反自衛隊イデオロギーは深刻だ。絶対に防衛省と協力しないという強烈なアレルギーがある。未だに東大とか阪大、名大とかは研究室に就職するときに「私は軍事研究を絶対やりません」という念書を書かされる。

研究の現場では、本当にすごい嫌がらせがあるようだ。民間の会社の事業を手伝っていたある国立大学の教授は、その会社が防衛省の研究協力助成基金をもらいに行った瞬間に、大学を辞めるか、研究をやめるかどっちかにしてくれと言われたらしい。こんな話が山ほどある。そういう状況の中で、最先端の優秀なＩＴ学者に、政府と一緒に国家安全保障のためにデジタル・コミュニティーをつくりましょうと議論しようとしても、その土壌がない。

デジタルの世界やＡＩの世界は民間のほうが軍より強い。民間をどう取り込んでいくかということが、米国などでは真剣に議論されている。巨大な政府クラウドを立ち上げて、官民で一緒のデジタル要塞をつくっている。日本は安全保障に関する限り、自衛隊と経済官庁、経済界が無関心で、学界に至っては積極的に国防のための協力を拒否する姿勢だ。

防衛費の8割に及ぶ4兆円の血税を使っていながら、安全保障は決してやらないという立場なのだ。デジタル技術には軍民の垣根はない。どこの国でも、科学技術と産業と防衛を一体化して国を支える体制だが、日本の国にはその意識自体がない。政府の安保・インテリジェンス・コミュニティーの中が縦割りでバラバラ、そして経済界は軍事アレルギー、学界に至っては反自衛隊イデオロギーという実態だ。1つの「バラバラ」と、2つの「ギー」がこの国の悲劇的現状である。

先に述べたように、新設予定のデジタル庁は政府をデジタルに統合しようとしているが、安全保障やインテリジェンスには手を出さない。サイバー・インテリジェンスのプロ集団による高い烈度の攻撃に対する防護などとは全く次元の違う国民の利便性向上の議論をしている。

また、日本の一流企業でも、世界最先端の防衛産業からはなかなか声がかからない。政府と民間の一部が一体になった厳しい情報管理の仕組み（クリアランス）が日本にないから、そもそも世界水準での信用がないのである。

基本的に政府部内の安保族とかインテル族というのは表に出ることが好きではない。「問題を起こさないでくれ」という人たちだ。たまに問題意識のある首相が出てきて、横串を通そうとするけれどうまくいかない。たとえそういう意識の高い政治指導者が現れたとしても、今度は、経済界、経済官庁の国家安全保障に対する意識が未だに低いことと、学界の反軍イデオロギーが壁になる。

モノは取られたら分かるが、情報は取られても分からないから危機意識が湧かない。日本は相当の情報を電子的に抜き取られていると思う。中国はありとあらゆる手で情報を抜いている。あの速さで日米の技術に追いついてくるのは不自然だ。中国はサイバーで技術をごっそり盗む。

また、やられたことに気付いた企業が泣き寝入りするという問題もある。レピュテーション・コスト（評判が落ちる）の問題である。その1つは、サイバー・セキュリティーで駄目企業と言われるのが嫌なのと、もう1つは、中国を名指しで「やられました」と発表すると、中国市場から締め出されるのである。

自分の国は自分で守るという最低限の意識が、学界と経済界から常識として出てこないとだめだ。自衛隊員の命を守り、国民の命を守る技術こそ、マーケットの論理を超えて、血税をつぎ込んで研究開発せねばならないという基本哲学を持たなければ駄目だ。国家の安全保障に貢献したいという志の高い民間企業の技術者も、学術界の研究者も沢山いる。しかし軍事アレルギー、反自衛隊イデオロギーという氷室に押し込められて心に火を灯すことができない。産官学で国家安全保障をきちんとやるべしという情熱が欲しい。デジタル技術は民生技術だが、この国を守る最前線の防衛技術でもある。しかし問題の根が深い。デジタル統合で安保をやれと言うのは簡単だが、言ってはみるものの、実際のところ全然動かない。やはり政治指導者の強い問題意識とリーダーシップが要る。

2 情報技術が現代戦を制する

機微な技術が分からない

どういう技術が機微なのか。経済安全保障の議論が始まったのは、2、3年前であるが、当時、内閣官房から経産審議官として経済産業省に戻ったばかりの柳瀬総理秘書官が初めに言い出した。畏友の柳瀬氏は感度の高い天才肌だ。「ちょっと米国が変なことになっている」「中国との軍事的な緊張が厳しくなってきて、米国の方向性が変わりつつある。日本も機微技術の輸出に厳しく対応しなければ駄目だ」と言い出した。そこから日本政府の中で経済安保の議論が始まった。「機微技術をコントロールせず、不用意に中国に出していると、また東芝機械ココム違反事件（東芝機械がソ連潜水艦のスクリュー音を消す機械をソ連〈ロシア〉に違法輸出した事件）の時のように、米国にがつんとやられるぞ」という話になった。

そこで霞が関の主要官庁の官房長を集めて会議を開催し、「皆さん、これから機微技術の管理をしっかりしましょう」と訴えてみたが、いかんせん、技術の話をするのに法文系の高級官僚を集めても役に立たない。「それなら理系を連れてこい。話の分かる技術者を連れてこい」という話になった。そこで今度は、霞が関の技官の方に大勢来てもらって議論をしたけれども、民生技術しかやっていない技術者は何が安全保障上機微な技術かが分からない。なぜかというと、安全保障の実態が分かっていないからである。それで今度は防衛技官や自衛官を呼ぶと、彼らは「民生技術は分からない。予算もないので武器技術しかやっていない」と言う。結局、日本の持っている民生技術のうち、何が安全保障上機微なのか、誰も分からないということが分かった。

毎年行われている日米技術協力会議で、防衛技術協力会議（S&TF）と呼ばれる会議がある。米国のペンタゴンのアジア局長は多忙を理由に滅多に日本には来ない。アフガニスタンから北朝鮮まで所掌しているので忙しいという理由でまず来てくれない。ところが、ペンタゴンの筆頭次官（調達担当）は毎年、東京にやってくる。防衛省に半日くらいいて、その後どこかへ行ってしまう。聞いてみると、産業界を回っているのだということが分かった。日本の技術をどう安全保障に活用できるかが一番分かっているのは米国防総省高等研究計画局（ＤＡＲＰＡ）で、即ちペンタゴンである。中国の動きも活発である。しかし彼らが日本から何を持って帰っているのかさえ、全く分かっていないのが日本政府である。「これでは駄目ではないか」という話が始まったのがようやく2年前である。今、やっと国家安全保障会議（ＮＳＣ）に経済班ができた。けれども、戦後75年間、技術安全保障や経済安全保障などやって来なかったので、皆、苦労しながら勉強しているというのが実情である。

日本人はゲートルと銃剣

実は、何が安全保障上機微な技術であるかということは、今の戦争のやり方が分からないと理解できない。日本での戦争のイメージは、毎年8月にＮＨＫなどから大量に太平洋戦争の画像が流れるので、ゲートルをはいた兵士が銃剣を掲げて突っ込んでいくシーンを思い浮かべるが、あれはとうの昔の話である。最近の戦争は、敵から遠く離れて、スクリーン1枚の前に座って戦う。スクリーン1枚にジョイスティック1本。全くゲームセンターと同じである。女性でも簡単に動かせる。戦場から人間が消えつつあり、ドローンで戦い始めている。

まず、陸海空の３次元の戦いに、宇宙という新しい次元が入ってきた。１９９０年、湾岸戦争のときに、米国が宇宙アセットを初めて戦術的に使った。もともとは、敵が核兵器を撃つのを監視することが仕事で、他に通信とか測位など、いろいろな衛星の使い方があったけれども、これを普通に戦争に使ったらどうなるのか、ということをやってみせたのが米国である。衛星には４つ仕事がある。

まず、偵察（reconnaissance）。これは敵を監視することで、もともとはロシアの核ミサイルを見ていたが、湾岸戦争で実際に戦術的攻撃に使われた。イラク軍がミサイルなどを撃つと、大量の赤外線が出るので場所を把握できた。夜などでは赤外線が主力だが、昼であれば光学衛星で丸見えである。砂漠のように平坦だと、ある程度以上大きいものは凸凹を探知するレーダー衛星で場所が分かる。場所が特定できればピンポイントで米軍の精密誘導兵器が飛んでくる。

第2に通信。これは常識であると思う。第3が測位。緯度、経度を入力すると、爆弾を積んだミサイルが正確に目標に向かって飛んで行く。全地球測位システム（ＧＰＳ）衛星の世界である。第4に時間同期という機能がある。最近の時計はＧＰＳに合わせている。昔はパリのどこかにある研究所の金属板の標準器に合わせていた。最近は全部ＧＰＳに合わせる。ＧＰＳの地球回転周期は正確で安定しているからである。ＧＰＳ時計は、兜町で株の入札の時間付けにも使われている。

時間を正確に測ることで、全軍が同じタイミングで作戦を実行できる。

宇宙衛星から得られる情報にコンピュータとＡＩが適用される、そうすると圧倒的な情報優位が生まれる。イラクのサダム・フセインが米軍はどこにいるのだと言っている間に、米軍側にはイラク軍の場所が分かっていて、トマホークで「ここだ」と爆撃してくる。真夜中の砂漠であってもＧＰＳのお蔭で、シュワルツコフ司令官が指揮する戦車師団は寸分たがわずに動くことができた。イラク軍は右往左往して、一瞬で負けた。米兵の犠牲者はわずか１００人。これを見て驚いたのが中国とロシアで、その後をひしひしと追い掛け始めた。

戦争を激変させるサイバー空間

この宇宙アセットの利用を支えているものはサイバー空間である。圧倒的な通信力の世界だ。情報処理と通信能力の向上とは裏表である。今やサイバー空間が物理的空間の上に乗っかっていて、その下に物理的な海底、水中、陸上、空中、宇宙と5つの空間があり、そこで軍が動いている。最も恐ろしいのはサイバー空間である。サイバー空間は5大陸をつなぐ光ファイバーによって地球上をくまなく覆っている。光は地球を1秒間に7周半する。光にとって地球は狭過ぎる。光のスピードで動くものから見ると、地球上では時間と距離に意味がない。地球はただの点に過ぎない。月までは38万キロあり、光でも1秒では行き着かないので、月くらいになると光の速さを計算する意味がある。しかし地上では光の速さを計算する意味がない。

サイバー空間は戦場を激変させる。昔の戦争では局地戦で正規軍同士がぶつかった。けりがつかないと戦闘の規模が大きくなっていく。それでもけりがつかないと、相互に交通、産業、エネルギーなどの重要インフラを破壊する。それでも屈服しないと、政経中枢である首都を爆撃する。

ところが最近はサイバー空間を通じて、戦争の初めに奥の院の重要民間インフラから破壊することができる。昔は首都爆撃作戦を立てるために、爆撃機と戦闘機の大編隊を組まねばならなかった。資金的にも何兆円とかかった。貧しい国に、戦略空軍は高嶺の花でしかなかった。しかし、最近では、鍛えられた幼いハッカーが、たった1人でクリックするだけで、大国の重要インフラを落とすことができる。

これは極貧の北朝鮮軍が頑張ることができる分野の1つである。サイバー戦力は廉価に強化できる。才能のある若者を教育するだけである。時間と距離がないサイバーの世界でハッキングに長《た》けた若者を育てる。10歳ぐらいから20歳ぐらいまでの間、そればかりをやらせて優秀な戦士に仕立て上げる。これで敵の最も重要なインフラを落とすことができる。

日本はサイバー攻撃に対して準備ができていない。例えば一番心配なのは電気である。発電所、変電所、これが一斉にやられると日本中の電気が落ちる。そのとき、軍の施設とか、コンビナート、ダムや原発、スパコン、これらがオール・ブラックアウトの状態になる。バックアップを含めて、スパコンのデータが飛んでしまえば二度と元に戻らない。これをやられたら瞬間に負ける。それがリアルの世界で起こる。

これからデジタル・トランスフォーメーション（DX）が進んでいくと、ありとあらゆるものがコンピュータにつながっていく。アップルウオッチだけではなく、車のモビリティや家電、建機の管理、オフィスビルの中、家庭の中、あらゆるところにセンサーが付いて、拾い集めた情報を24時間発信する。こうしたデジタルなシステムが日常生活に深く入りこんで来る。それがDXの世界である。DXが進めば進むほど、便利になる分、サイバー攻撃に対して脆弱《ぜいじゃく》になる。

ロシアが示したハイブリッド・ウォー

サイバー攻撃を実際の戦争に使ってみせたのがロシアだった。クリミア半島併合である。それは満州事変に匹敵する見事な軍事作戦で、たった一晩でクリミアを全部奪い取った。

軍の秘密基地でコンピュータを使って働くデジタル・サポート戦闘員
（シャッターストック）

当時、米国は反軍の色彩の強いオバマ大統領の時代で、ＮＡＴＯは指１本動かさなかった。その後、オバマ大統領は米国内でも、腰抜けだとか、何をやっているのだと叩かれた。

ロシアの特殊兵は緑色の服を着ている。そして緑色のスキー帽をかぶる。目のところだけに穴が開いている。西側では、リトル・グリーンメンと言われ恐れられている。彼らが侵入して来て、直ぐにウクライナ軍のコンピュータが落ちた。しばらくして復旧したのだが、そこにウクライナ軍緊急集合の指令が来た。「どこどこに集まれ」と。集まったところで殲滅《せんめつ》された。その指示が、ロシアが発した偽の命令だったからである。これがハイブリッド・ウォーである。特殊軍とサイバー戦を組み合わせ、始まったときには終わっている、こういう戦い方が主流になってきている。

現在、戦場の隅々まで無人化が進んでいる。今度、日本でつくられる国産戦闘機F3は、最後の美しい有人戦闘機になるだろう。ロッキードとかボーイングが今開発しているものは無人戦闘機で、日本の一歩先を行っている。

将来の戦闘航空機編隊では、リーダーの1機だけは有人だが、周りは全部無人になる。無人機が次から次へと襲いかかる。複数の忍者が車掛りで切りかかる「柳生忍軍」のような戦闘になる。水平線の向こうから、次から次にドローン戦闘機が出てくるのである。無人戦闘機の良いところは廉価で優秀なところである。人が乗らないので、手洗いや冷暖房が要らない。食事も用意する必要がない。無理な機動でG（重力）が10かかっても、20かかっても全く平気である。人間は8Gくらいがかかると、血液が脳から下半身に降りて意識がなくなり、長期的には頸椎《けいつい》や脊椎《せきつい》の椎間板《ついかんばん》が痛む。無人機やドローンでは、この心配がなくて済む。

ロボット化が進み、ドローンが戦う時代になり、女性兵士が普通の部屋の中でスクリーンを見て、バーチャルリアリティの中で無人兵器を操作する時代になる。

最近のバーチャルリアリティの精度は非常に高く、自分が本当に空中を飛んでいると錯覚するほど、スクリーンの画像がきれいに出る。そこに「敵がここにいる」とか、「自分のミサイルがここに当たる」「あなたの部下は今、ここを狙っている」などのいろいろな信号が入ってくる。ロボティクスとドローンが未来の戦場である。これを支えているのがサイバー空間であり、コアの技術はＡＩと半導体である。これが今の戦争なのだ。その意味で日本は非常に遅れてしまっている。

日本は今も「石器時代」

サイバー空間の軍事利用の関連で、サイバー能力を駆使した現代インテリジェンスについても話しておきたい。現代インテリジェンスのシステムは随分、変わってきているが、日本は非常に遅れている。ＣＩＡ関係の人たちが日本の状況を見て「石器時代だ、縄文時代だ、全然駄目だ」と言って帰って行く。私がそう言われたのは20年前のことだが、その後、世界が激変していく中でも、我々はほとんど変わることはなかった。

昔のインテリジェンス・オフィサーは毎朝、ペーパーで上がってくる大量の情報を、指にサックをして赤鉛筆を持ち、朝からずっと読んでいた。大量の情報をものすごい勢いで読む。これが昔の情報部分析班の仕事であった。だから、分析班のエリート部員はいつも

「ゴミ情報を持ってくるな」と言っていた。「質のよい情報を持ってこい」と言っていたわけである。

最近は全く逆になっていて、電子化された情報は、あらゆる情報を全部取って持って来いということになっている。紙ではなくデータで持ってこいということである。電子ファイルになっているものは、大量にスパコンに蓄積ができる。今、日本の中を駆け巡っている電話通話、データを全部記録しても、ちょっとしたスパコンなら数年分を蓄積できるであろう。

スノーデンは、それをやっていて暴露したから、国家反逆の罪に問われ、米国に帰れなくなってしまった。個人情報が尊重されない中国やロシアに行くと、そもそも電気通信会社の暗号キーを政府が持っているだろうから、この瞬間に流れている全ての電子情報はスパコンに入って暗号を解読され、解析に回されているはずである。プライバシーはゼロである。

想像であるが、例えばAさんの付き合っているテロリストは誰かという質問がくると、クリック1回で結果が出てくる。Aさんのクレジットカード情報、フライト情報、ホテルの宿泊情報、病院の通院記録、銀行口座記録、自動車の登録番号、年金記録など、基本的な個人情報が全て蓄積されている。位置情報や、日頃スマホで眺めている画面は何かということまで出てくる。これをＡＩにかけると、この人は3カ月に1回必ず札幌に行っている、飛行機ではなく電車を使っている、いつも違ったホテルを使っていることなどが分かる。さらに顔認証システムを使って防犯カメラの写真が出てくる。写真が出てくると、横にいるのは誰かという話になる。この作業を繰り返せばＡさんのつながっているテロリスト・ネットワークを瞬時に把握できる。大量のごみの山を持ってきて、そのごみをＡＩで人工ダイヤに変える。これが今のインテリジェンスである。

ところが、日本は、自分たちのデータをごそっと丸ごと持っていかれることに対して危機感がゼロに近い。民間だけではなく行政機関も結構鈍感である。また、日本の企業は自分たちの情報やデータを守るための暗号にあまり予算を使わない。日本人は自分たちがやらないので、他人もやっていないと思っているが、他国ではデータの窃取は、情報機関はもとよりテロリスト、ハッカー、組織犯罪など、闇の人たちが普通にやっているのである。

資金力がものをいう

これに関連して、もう1つ安全保障産業政策の欠落という問題を指摘しておきたい。米国防総省の強さの秘密は、1つにはお金にある。米国の国防総省予算は80兆円もある。巨大な金額である。日本政府の予算は１００兆円しかなく、そのうちの80兆円は年金、医療、地方交付税、国債の償還で消えてしまうので、20兆円しか実質的に使えない。うち5兆円が防衛省に回っているが、米国は国防総省だけで80兆円の予算がある。そのうち研究開発費が10兆円。米政府全体の研究開発費が20兆円なので、半分が国防総省に行く。

さらに2～3兆円はエネルギー省に回っている。エネルギー省は日本の資源エネルギー庁とは違って国防関係の主力官庁である。合わせると6割ほどは国防に流れていく。全部を自分が使うわけではなく、国防総省やエネルギー省の下に、日本の国立研究所に当たる優れた基礎研究、応用研究を行う機関が多数付いていて、その研究機関にお金が落ちていく。委託研究の形で民間企業のラボにも予算が流れていく。安全保障のための巨額のリスクを国が負担しているのである。

真面目な話であるが、学生でも優れた研究者が国防総省へ行って、「私はこのような研究をしています」と言うと、「うち（ペンタゴン）でやらないか」と誘われる。ベンチャー企業スタートアップ資金は即金で出すなどと軽く言われたりする。これは珍しい話ではない。この「目利き」をやっているのが有名な米国防総省高等研究計画局（DARPA）である。DARPAには私も1回行ったことがあるが、「ご専門は」と尋ねられ、「法学部出身です」と答えると、即座に「関心ないねぇ」と首を横に振られた。「私たちは面白い技術を持ってこない人間には全く興味がないのだ」と言う。そういう世界である。それだから米国は強い。ユニコーン企業が米国に群生し、日本に生まれないのには、理由があるのである。

かつては軍事技術が民生技術をリードしていた。米国が最近心配していることは、国防総省でさえ金が足りないということである。情報技術は米国でも民間が引っ張っている。米空軍で最近「フロッピーの使用をやめました」と聞き、「まだ使っていたのか」と思ったことがあった。米軍はシステムが巨大なので、簡単には変えられないところがあり、民間の技術を入れないために閉鎖的になっている。ある意味で、はるかにｉＰｈｏｎｅの技術のほうが進んでいる。民間の技術が国防に影響し、スピンオフではなくてスピンオンになっている。

このような時代になると、国防総省に巨額の開発資金があるから大丈夫だとも言っていられない。ＧＡＦＡ（グーグル、アップル、フェイスブック、アマゾン）の資産総額はすでに東京証券市場の扱う株式の総額を抜く。ＧＡＦＡの研究費は全部合わせると、国防総省の研究開発予算（10兆円）に匹敵する数兆円の規模になると思われる。日本の総務省の二百数十億円程度の研究予算など話にならないし、日本政府全体の研究開発予算（４兆円）を軽く超えるぐらいのお金がＧＡＦＡの技術開発で動いていると思う。国防総省はこの民間の研究開発資金が、自分たちの研究開発資金の額を抜くのではないかと心配しているのである。過去半世紀以上、国防総省は自分たちよりも技術的に優れた組織を知らなかった。圧倒的な資金力が、その自信を支えていた。それが今、追い抜かれるのではないかという恐怖に苛《さいな》まれているのである。

もっと怖いことは、中国政府の不透明な実態である。幾ら研究開発予算が出ているのかが全然分からない。レニニズムの共産党一党独裁を実現した彼らは、党の下に軍と学と官と産がくっついている。これは日本で言えば、自民党の下に学界、経済界、政府が全部あるのと一緒で、官民の仕切りなどない。軍民の仕切りもない。融通無碍《ゆうずうむげ》で自由自在といえる。最近は「軍民融合」の旗印の下で産官学と軍の一体化が急速に進んでいる。

中国政府は軍事科学技術開発に資金を幾ら出しているのかというと、現時点で米国に追い付いたか、もはや抜いているというレベルではないだろうか。米国は「やっかいな時代になった」と、思い始めたのである。

安全の花壇があって繁栄の花が咲く

経済安全保障という言葉が、ようやく日本でも人口に膾炙《かいしゃ》するようになった。安全という花壇の上に繁栄という花が咲く。切り花のような繁栄はあり得ない。しかし敗戦国となった日本では、米国の庇護の下で軍事的野心を持たず経済発展にさえ邁進していればよいという歪んだ幻想が、長い間はびこっていた。「町人国家」（天谷直弘通産審議官）の発想である。

日本が１９６０年代にイギリス、フランス、ドイツの経済規模を抜き、80年代に米国を猛追するほど国力を上げたとき、東芝機械ココム違反事件が起きた。現代戦における最重要作戦は、核を搭載した大陸間弾道弾を積む敵戦略原潜の破壊である。光の届かない漆黒の深海で敵潜水艦を探知するにはスクリュー音だけが頼りだ。そのソ連潜水艦のスクリュー音を同盟国・日本の民間企業が消してしまった。米国は今でも年間80兆円の国防予算を使い、自国だけでなく同盟国の安全を守っている。世界ＧＤＰの１％に相当する金額である。米国の怒りは爆発した。

同じ80年代、日本の半導体産業は世界市場を席巻していた。当時、安全保障担当の上司が「米軍の核兵器も日本の半導体を使っているんじゃないか。対米経済戦争などと言って、はしゃいでいて大丈夫か」と不安そうに述べていた。案の定、対米貿易戦争において対決姿勢を強める日本の戦略的方向性を危惧した米国は、しゃにむに日米半導体協定を押し付けてきた。その後、日本の半導体産業は衰退の一途をたどった。

経済と安全保障は表裏一体である。市場と国家は、おのおの独立した論理で動く。しかしビジネスの世界だけが独立して存在していると考えるのは誤りである。日本が、敗戦後、

3四半世紀にわたって経済と安全保障を切り離した代償は、安全保障に係る産業政策が存在しなくなったことである。それは狭い意味での防衛産業政策ではない。

例えば米国では、政府研究開発予算が20兆円ある。その内の6割程度が国防総省、エネルギー省などの安全保障関係の部局に流れていく。彼らは狭い意味での軍事技術だけを担当しているわけではない。人工知能、先進コンピューティングはもとより量子科学、遺伝子工学、脳科学などの非常に幅広い分野において、最先端の基礎研究から応用研究、そして社会実装のための開発まで手掛けている。その巨額の予算は、幾多の輝かしい業績を持つ研究所に流れていくだけではない。委託研究という形で民間企業の研究所にも流れて行く。

研究開発拠点の設立が必要だ

安全保障に係る技術開発は「安かろう悪かろう」では困る。国家の命運と兵士の命がかかった技術である。一歩でも世界の先を行く最先端の技術開発が必要である。高いリスクが付きまとうが、巨額リスクも安全保障のためなら国家が負担せねばならない。マーケットには任せておけない。そこから優れた技術がスピンオフして出て来る。ユニコーンと呼ばれるベンチャー企業がどんどん生まれて来る。厳しい競争が前提になることは同じだが、世界貿易機関（ＷＴＯ）の規律する一般入札とは無縁の世界である。

日本では、それは防衛省の業務ではない。産業を所掌する経産省、電気通信を所掌する総務省などの担うべき業務である。問題は、日本の経済関係官庁に、長い経済と安保の遮断の結果、「町人国家」とも呼ぶべきマインドが沁みついていることである。

中国の台頭を前にして、令和の戦略環境は厳しいものとなる。冷戦期、外務省、防衛省・自衛隊などの安全保障担当官庁は、極東ソ連軍の重圧、国内冷戦の厳しい政治的分断を耐えて、日本の安全保障政策を支えてきた。令和の経済関係官庁には、市場経済至上主義を卒業して、自らも国家安全保障を担う主力官庁であるというアイデンティティを持ってほしいと願う。国家安全保障局（ＮＳＳ）に経済班もできた。それは時代の要請である。

日本に欠落しているのは安全保障産業政策だけではない。安全保障科学技術政策もない。こちらの問題の根はより深い。国内冷戦による日本社会分断の傷跡が、依然としてぱっくりと口を開けているからである。日本の科学技術政策予算は、年間４兆円を血税で賄っている。防衛費の５兆円に匹敵する金額である。しかし、日本の学界は強い平和主義に固執して、民生技術であっても安全保障が絡んだ研究をすべからく「軍事研究」とレッテルを貼って拒否している。安全保障を志す研究者への隠微な妨害や、自衛官の国立大理工系大学院への入学拒否などは未だにある。特に政府の一機関であるにもかかわらず日本学術会議は、反自衛隊の立場を鮮明にしている。国際冷戦が国内冷戦に構造化された1955年で時計が止まっているのである。

日本政府も最近、意欲的にハイリスクの研究開発の促進に取り組むようになったが、このような学界に予算を付けても安全保障に貢献することはない。むしろ、半導体育成のような産業政策にこそ兆円単位の予算を回すべきである。国家が巨額のリスクを予算で負担して、日本国中の優れた技術者を、産官学を貫いて選抜し、さらに自衛隊員も加え、国家安全保障のために邁進する研究開発拠点をつくることが必要なときに来ている。

第3章

中国の「歴史の復讐」が始まった

1 拡張主義の背景

「ジャックと豆の木」

今の中国は、経済面でも軍事面でも急激に巨大化したが、10年前の中国の経済規模は日本と変わらなかった。米国から見れば、日中両国は共に中学生くらいに見えたはずだ。だが2030年迄には中国の経済規模は米国を抜くとさえ言われるようになった。そのあまりの成長の速さは、「ジャックと豆の木」を彷彿《ほうふつ》させる。誰も気づかない間に、中国の背丈は天を衝《つ》く高さとなった。

中国が経済面で、世界の「主役」に躍り出たのは2008年のリーマンショック後のことである。リーマンショックに苦しむ米国が世界20カ国の経済大国を集めて、首脳会合(G20サミット)を開催した。中国は、そこで4兆元の公共投資を行ってみせ、国際経済を牽引し、国際的な自信を一気に深めた。

中国の自信にあふれた姿は、1970年代の日本や西ドイツを想起させた。当時、日独両国が突然、世界経済の機関車ともてはやされ、石油ショック後に低迷する世界経済を引っ張った。そのお蔭で日独両国は、先進工業民主主義国（G7）の首脳会合に呼ばれるようになった。むしろ、G7は日独両国のためにつくられたとさえ言ってもよい会合であった。国際政治の主導権は、国連安保理常任理事国（P5）から、G7へと移ったようにさえ見えた。敗戦国であった日本は、ドイツと共に国際政治の表舞台に完全に復権した。

中国も、日独に40年遅れて先進工業国家の一員として迎えられた。照れ臭そうにG20首脳会合の主役の座に座った中国の姿は、オイルショックの後に突然、G7のメンバーとなった日本の姿と重なる。日本が経済大国との自負を膨らませたのと同様に、中国の大国意識と自信が急速に膨れ上がり始めた。

中国軍の増強もすさまじい。中国の軍事費は2桁成長が止まらない。すでに軍事費は名目だけでも25兆円に迫る勢いだ。今や中国はアジアで最大の軍事国家であり、米国を除き、誰も単独で対峙することはできないほど強くなった。

「これまでの中国と思うなよ」――中国政府高官から、こんな本音が漏れるようになった。「本来、中国は日本と同列に扱われるような国ではない」「西側諸国からあれこれ指導を受ける国ではないのだ」という、これまで抑えつけられていた暗い感情が、真空に広がるガスのように急速に膨れ上がり始めた。力への過信と拡張主義的なナショナリズムが噴き出すようになった。

ヒマラヤ山中の国境付近では中国軍がインド軍兵士を撲殺し、南シナ海では西沙諸島でベトナムの漁船を大量に拿捕《だほ》し、ヴァンガード礁ではベトナムの石油開発を実力で阻止し、南沙諸島の環礁を軍事基地化した。南シナ海周辺国を睥睨《へいげい》し、フィリピンからはスカボロー礁を奪い、インドネシアのナツナ諸島ではインドネシア漁船の漁労を妨害している。

そして、東シナ海では、中国海軍の指揮下に入った「海警」（海上警察）が、尖閣諸島に恒常的に押しかけてくるようになった。警察力を用いているとはいえ、力による一方的な現状変更と恒常的な他国の主権侵害は、体《てい》の良い侵略行為に他ならない。

その姿は、力を過信して昭和前期に大きく国策を誤り、無様に崩落した大日本帝国の姿と重なって見える。それは、私だけだろうか。

自由主義の神髄を知らない

かつて米ソ冷戦時代、中国はダマンスキー島での中ソ衝突以来、ソ連を恐怖し、西側に寄り添ってきた。厳しい冷戦の最中に、中国は西側諸国と共にソ連と対峙した戦略的パートナーであった。西側諸国も中国を喜んで迎え入れた。

とりわけ中国が、自由主義経済に統合される上で大きな役割を果たしたのは日本であった。1970年代には、日中および米中の国交正常化が達成されたが、それ以降、日本は兆円単位の大規模な対中経済協力を惜しまなかった。満州事変や日中戦争の負い目もあった。外務省が公開した中曽根首相と胡耀邦総書記との会談録を読むと、胡耀邦の発言の中に、中国民主化への一縷《いちる》の光が見える。

しかし、1989年6月、中国人民解放軍は、天安門広場に自由を求めて集まった多くの学生を虐殺した。中国が国際社会から厳しい批判を受けるなかで、日本は「中国を孤立させれば、改革開放を進める鄧小平路線が後退し、かつての毛沢東時代のような極端な路線に後戻りしてしまう」と考えて、ただ1人中国をかばった。中国はまだ貧しく、近代化に向かって悪戦苦闘している最中だった。

天皇陛下の中国ご訪問も実現した。当時、外相だった銭其琛は回顧録に天皇訪中を利用して国際的孤立を脱したと誇らしげに書いた。

その後、世界貿易機関（WTO）加盟を中国に積極的に働きかけ、中国が世界市場に参加し、また外国からの投資が入ってくる道を開いたのも日本だった。多くの日本人が「中国はいつの日か必ず日本のようになる。責任ある大国になる」と信じたのである。米国にも、中国がいずれは市場経済のもとで成長するなかで、民主主義的な政治体制に変わっていくという期待があった。

確かに中国経済は、WTO加盟を機にグローバル化の波に乗って急激に巨大化した。だが今、その中国が大きく身をそらせて西側と対峙し始めている。それは決して中国の国益ではない。しかし、習近平主席の視線は違うところに向けられている。

共産党指導部のなかでも習近平世代は、毛沢東時代の権力闘争に動員され、文化大革命で「封建的文化、資本主義的文化の撲滅」を掲げて、経済の立て直しを重視した幹部や知識人層を糾弾した「紅衛兵世代」である。毛沢東の「文化大革命」によって高等教育の機会を奪われ、濃厚なイデオロギーを吹き込む教条的な共産党による愛国主義教育を受けて、自分たちのアイデンティティを形成した世代なのだ。

彼らには、文化大革命の後、中国のたて直しと改革を任されながら保守派の反発を受けて失脚した胡耀邦や趙紫陽のように、民主主義社会に対する密やかな憧れはない。個人の良心に基づいたルールやコンセンサスこそが、社会秩序を形成する原点であるという自由主義の神髄を知らない。人々の自由意思が全ての倫理、規範の源であるという自由主義思想の根幹を知らない。個人主義の強さが分からない。時代遅れの全体主義者だという意味で習近平と毛沢東は似ている。

習近平は、むしろ冷戦終了と共に滅び去った「共産圏」に郷愁を感じる世代だ。彼はソ連崩壊の引き金を引いたゴルバチョフ書記長を軽侮していると言われる。中国こそが、滅んだ共産主義の総本山、ソ連の後釜に座りたいのだろう。習近平主席は「社会主義現代化強国」を掲げて、共産党一党独裁のもとで旧西側民主主義国家と対峙し、いずれは西側を圧倒して世界の覇権を握るという「富国強兵」路線を夢見るようになったのである。

中国版レコンキスタの始まり

習近平指導下の中国に迷いはない。その根底には大国意識の芽生えとともに、ナショナリズムの高まりがある。そのナショナリズムには暗い歴史の影が差している。

19世紀中葉から始まった欧州列強の大清帝国の蹂躙は、弱肉強食そのものだった。清はアヘン戦争で英国に香港を奪われ、アロー号事件で英仏に北京を蹂躙され、その直後に沿海州をロシアに奪われ、上海などにはプチ植民地と呼ぶべき租界が林立した。

ミャンマーはインドから勢力を伸ばしたイギリスの勢力下に入り、清仏戦争で負けてベトナムがフランスの影響下に入り、日清戦争の後、台湾と朝鮮半島は日本の勢力下に入った。続く義和団事件では外国兵に再び北京を襲われ、辛亥革命後は軍閥割拠の中で日本の介入を許し、広大な満州を奪われた。

この暗い歴史が、共産党の栄光を飾る前史として子どもたちの脳裏に愛国主義と共に叩き込まれる。それには理由がある。鄧小平が西側の資本と技術の導入に舵を切り、経済成長が軌道に乗った1990年代以降、純正の共産主義イデオロギーは退潮した。その結果、共産党は独裁政治を継続する正統性を失った。共産主義イデオロギーの代替物として登場したのが、愛国主義に彩《いろど》られた「栄光の共産党による中華人民共和国建国神話」である。1990年代以降、共産党統治を正当化する狙いで、「150年にわたり中国を侵略し続けた外国勢を駆逐し、蒋介石の国民党軍を台湾に追いやって、中華人民共和国を建て、今日の繁栄をもたらしたのは中国共産党だ」という共産党の建国神話が強調されるようになった。

この神話は、国民教育を通じて新しい世代の中国人に愛国主義を再生産し、増幅してきた。この建国神話が現在の共産党体制の正統性を担保し、ナショナリズムを鼓吹し、中国の拡張主義を支える背景になっている。

暗い凌辱《りょうじょく》の歴史を拭い去ろうとすれば、大清帝国の領土復活が願望として現れる。今の中国の拡張は、17世紀半ばからアヘン戦争前まで、繁栄を謳歌《おうか》した大清帝国の失われた版図の回復という野望の現れである。そこには、かつての朝貢国の復活が含まれる。

大清帝国は、実は満州族による漢民族の征服王朝であり、漢民族のみならず、チベット、ウイグル、モンゴルなどの少数民族との連合体を形成し、その支配は満州から今の台湾、モンゴルやチベットにまで及んだ。日本は欧州諸国同様に、最後まで三跪九叩頭拝《さんききゅうこうとうはい》（清朝の皇帝に対する礼の仕方で、1度ひざまずいて3回頭を垂れる動作を、3回繰り返すこと）を拒否し、朝貢国となることを拒否したが、朝鮮もベトナムもミャンマーも朝貢国家だった。朝貢体制に基づく清の版図は巨大である。朝鮮、ベトナム、タイ、ミャンマー、モンゴルなどの国である。中国から独立を支援する琉球（沖縄）も視野に入っている。

欧米列強による侵略への反発などから民族意識が高揚した清朝末期、満漢を問わず清朝の志士たちが愛国の想いに駆られて護国を誓った領土は、北元と対峙した漢民族王朝である明の小さな版図ではなく、満州族が支配した巨大な大清帝国の版図だった。

失われた清朝の版図を取り戻すのだという復讐的な野望は、「屈辱の150年」の雪辱でもある。その想いを今の中国共産党も引き継ぎ、増幅している。国力の増長は、国民的規模で拡張主義とナショナリズムの陶酔を招く。それは動物的な本能である。今、私たちが目にしているのは、中国版レコンキスタ（再征服運動）の始まりである。

屈辱にまみれた19世紀

確かに、中国で国力の伸長がナショナリズムと一方的な拡張主義に直結する事情は推察がつく。それほど中国の近代史は屈辱にまみれたものであった。

大清帝国（満州族）、オスマン帝国（トルコ族）、ムガル帝国（チャガタイ・ハン国、チムール帝国の末裔《まつえい》。ムガルとはモンゴルが訛《なま》ったものである）は、モンゴル・チュルク系の武門の誉《ほまれ》を貴ぶ帝国ぞろいである。武士の国である日本と血脈を通じている国々でもある。

圧倒的な強さの騎馬軍団を誇り、数百年の命脈を保ったこれらアジアの諸帝国は、英国の産業革命で始まった欧州工業時代の幕開けと共に一気に凋落した。

19世紀、大清帝国はイギリスに仕掛けられたアヘン戦争で香港を失った。アヘン戦争は、茶貿易の代金を払えなかった大英帝国がインドでアヘンを大量栽培して中国に売りつけ、麻薬中毒患者の激増に反発した中国に仕掛けた典型的な不義の戦争である。後の英首相グラッドストーンは、英議会で「大英帝国末代までの恥だ」と罵《のの》ったが、その通りである。林則徐がアヘンの没収と処分に奔走するが、イギリスは彼の正義と忠義の行動を武力で踏みにじった。清は負けた。

アロー号事件はもっとひどい。南方の広州で小さな密輸船が掲げたイギリス国旗を中国官憲が引きずり下ろしたと難癖をつけて、事実関係の根拠も曖昧なままにイギリス、フランス両国が語らって、遥か北にある渤海湾から首都北京に攻め込んだのである。名園として名高かった北京の円明園は凌辱された。横浜から東京湾に来たペリーがお台場から上陸して江戸を焼き払ったようなものだ。第2次アヘン戦争である。中国は開港を迫られた。二度に及ぶアヘン戦争で、中国はイギリスに香港と九龍半島を奪われた。

大英帝国にとって、対中戦争の理由はどうでもよかった。中国市場を開放させたかったのである。上海は開港後、直ぐに各国の租界が林立した。租界とはプチ植民地と同義である。上海には一部の金持ちを除いて、下働きの中国人しかいなかった。端麗な黄埔公園には、犬と中国人は立ち入り禁止と書いた札が立っていたという。日本でいえば、横浜が欧米列強の多国籍植民都市になったようなものである。

第2次アヘン戦争の和平交渉では、帝国主義を剝《む》き出しにした米国とロシアが便乗した。ロシアはこのときに結んだ北京条約で、すでに2年前の愛琿《あいぐん》条約で手に入れていたアムール川以北に加えて、ウスリー川以東のウラジオストクを含む広大な沿海州を割き取った。その後の清仏戦争でベトナムを手中にしたフランスは、さらに広州に手を伸ばしてきた。

その後、中国は同じアジアの国である日本との日清戦争に負けて、朝鮮半島と台湾を失った。朝鮮半島では日清戦争前、日本も中国も朝鮮に不平等条約を押し付けて主導権を競っていた。大清帝国は宗主国の誇りの為だけではなく、戦略的要衝である遼東半島の付け根にある朝鮮半島を失うわけにはいかなかったのである。しかし、日清戦争の結果、清は思わぬ敗北を喫し、清の朝貢国家だった朝鮮は、日本の影響下で大韓帝国として独立した。

7世紀に統一新羅が唐に正式に朝貢して以来、初めて中国は朝鮮半島を失った。日本が抑えた遼東半島は、ドイツ、フランス、ロシアの三国干渉で返還されたものの、すぐさまロシアが抑えてしまった。清国の衰亡を目の当たりにした欧州列強に慈悲はなかった。対

列強による中国進出

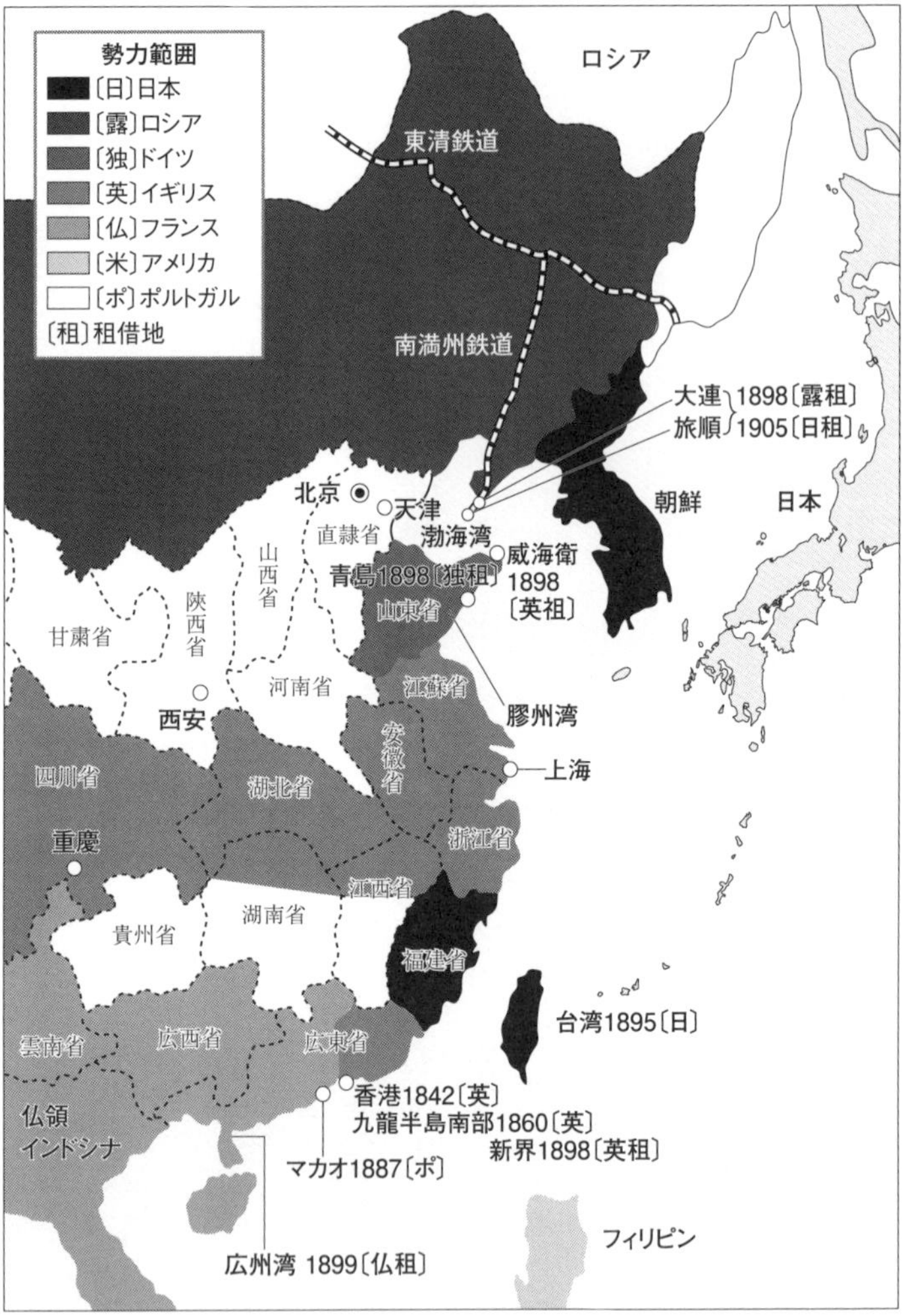

（『もういちど読む山川日本近代史』山川出版社の地図などをもとに作成）

岸の山東半島では、威海衛をイギリスに、青島をドイツに割き取られた。渤海湾の入り口は欧州列強に抑えられ、北京は海洋から侵略の機会をうかがう欧州列強によって丸裸にされたも同然であった。

渤海湾は、中国の死命を制する要となる場所である。日清戦争の前、北洋大臣・李鴻章は、渤海湾の守りを固めるために、特に遼東半島、山東半島の防衛に気を使った。天津から北京まで１００キロ余りしかない。日本で言えば東京から熱海の距離である。直隷平野を抜けてしまえば、北京は目と鼻の先である。中国は思ったより小さい。北京から見た渤海湾、遼東半島、山東半島は、東京から見た東京湾、房総半島、伊豆半島のようなものなのである。

日本こそが「主敵」

１９１１年の辛亥革命で清朝が倒れ、中華民国が成立した。しかし、それでも屈辱の歴史は終わらなかった。革命後、中国は長く軍閥が割拠する混乱の時代に入ったのである。１９３０年には、日本の関東軍が満州を謀略で割き取った。塘沽《タンクー》協定で一応の停戦を見たものの、37年には日中全面戦争が勃発し、日本陸軍によって華北が制圧された。

中国はナショナリズムをたぎらせた。イギリス、フランス、ドイツ、日本などに領土を侵食された中国は、満州を奪った日本こそ主敵であると思い定めるようになった。蒋介石はドイツ人、ゼークトの力を借りて、上海に塹壕《ざんごう》を掘り巡らせて、要塞を築き、日本軍との対決に臨んだ。

蒋介石は近代化の遅れた中国軍が日本軍と戦うためには、満州を戦場とするよりも、各国の租界が集まり国際都市として発展している上海を主戦場に選ぶべきだと考えた。そうすることで、イギリスやアメリカ、フランスなどの国際社会全体を日本の敵に回し、中国の味方に引き込むことができると踏んだのである。この作戦は功を奏した。フェイク画像を混ぜ込んだ映像を駆使した蒋介石の優れた宣伝戦は大きな反響を呼び、宣伝戦に関心の低かった日本は一気に国際社会から孤立した。

小規模な海軍陸戦隊が守備していた上海の日本租界はひとたまりもなかった。関東軍はソ連への備えで動くことができず、日本は新兵を組織して急ごしらえの上海派遣軍を投入した。上海戦はまれにみる激戦となった。

しかし、日本海軍による世界史上初の渡海爆撃で戦局は大きく変わった。蒋介石は、首都南京を放棄して、「行路難」と詠《うた》われた重慶に逃げ込んだ。そこで、大陸深くに戦略的縦深を取った蒋介石軍は、押せば引き、引けば押し返すを繰り返した。日本軍は終わりのない泥沼の戦争に入り込んだのである。

日本軍は真珠湾攻撃による米軍参戦前に、中国大陸ですでに約20万人の将兵を失っていた。決して日本軍が一方的に押していたわけではない。逆に日本軍は「点と線」を確保していただけだというのも中国側の宣伝である。日本軍は華北と広州をほぼ制圧していた。

しかし、重慶を根拠地にした蔣介石の引くたびに押し寄せる波のような戦法に対し、日本軍は戦略らしい戦略も持てず、さらに国際世論をも敵に回した。まるで泥沼に半身を浸けられたかのようであった。日本軍は、負けることも勝つこともできなくなった。その後、何回か撤収の話は出たが、偏狭な軍人が戦争を指導していた日本政府は、柔軟な外交と軍事の組み合わせた国家戦略を描くことができず、実行には移されなかった。外務省の力は小さく、軍人の壟断《ろうだん》する外交は硬直していた。

資源に乏しく、総力戦準備に焦っていた日本の軍部は、蔣介石を援助する援蔣ルートとなっていた仏印（ベトナム）を押さえることを考えた。ここを押さえれば泥沼の日中戦争も楽になる。こうして近視眼的で戦術的な南進論が出てきた。すでにフランスとオランダはヒトラーに屈服していた。ベトナム進駐は楽勝だと考えられた。しかし、日本の軍人は、それが戦略的にどう連合国から見られるかということに頭が回らなかった。

第2次世界大戦の初期、ヒトラーのナチスドイツ軍は欧州大陸の西側をピレネー山脈まで一瞬で征服した。ヒトラーの猛攻の前に瀕死のイギリスは、日本にマレーとインドを奪われると恐怖することになった。オランダ亡命政府も、ボルネオの油田を日本に奪われることを恐れた。米国の植民地であったフィリピンは、日本領であった台湾島の直下にあり、かつ、日本軍が進駐したベトナムとは南シナ海を挟んで対面にある群島である。

日本はナチスドイツの同盟国であった。日本の仏印進駐によって、アジア植民地帝国だったイギリス、アメリカ、オランダ、フランスの敵意は、ドイツが打ち負かした欧州諸国の植民地をつまみ食いして歩くかのような日本に集中した。そして日本が深い考えも持たないまま南部仏印に進駐したとき、米国は対日石油禁輸制裁に踏み切った。米国を驚かせたことに、米国からほとんどの石油を輸入していた日本の対応は、自殺的とも言うべき真珠湾攻撃であった。

日ソ開戦を画策し続けた蔣介石は、突然の日米開戦の報に欣喜雀躍《きんきじゃくやく》したであろう。スターリンもそうであろう。チャーチルもそうであろう。世界中に鳴り響いた山本五十六連合艦隊司令長官の武人としての名声は、枢軸国への弔鐘に他ならなかった。

2 膨らむ力への過信

自分たちの秩序をつくる

中国共産党の兵力はもともと小さかった。しかし、太平洋戦争終了後、米国が国民党支援から手を引いた隙《すき》を狙って、スターリンは毛沢東を支援し、中国共産党が中国大陸に政権を樹立する。米国が戦勝気分に沸いている間に、スターリンは中国の共産化に成功した。毛沢東は、ソ連にすがるほかはなった。短い中ソ蜜月時代が始まる。傷心の蔣介石は台湾に逃げ込んだ。１９４９年のことである。

毛沢東は、第２次世界大戦後の混乱期に、周辺の少数民族を改めて征服して回った。チベット、ウイグル、内蒙古などである。今、中国の少数民族は1億人を数える。漢民族が周辺の騎馬民族をことごとく征服したのは、有史以来、毛沢東の共産党政権が初めてである。さらに毛沢東は、朝鮮戦争では北朝鮮に加担して対米参戦し、事実上、朝鮮の北半分を取り返した。

流石《さすが》に大英帝国の香港には手を出さなかったものの、巨大な清朝版図の大部分を抑え、第2次世界大戦の戦勝国入りした毛沢東は、さぞ得意満面であったであろう。

毛沢東は、国内では「大躍進」と名付けられた急激な工業化と集団農場化を実施し、数千万人の中国人を餓死させるなど経済経営の能力は全くなかったが、内ゲバの横行した共産党内の権力闘争に関しては天才だった。「大躍進」の失敗で権威を失いかけた毛沢東は「文化大革命」を引き起こし、激しい党内の権力闘争に勝利する。

誇り高い毛沢東は、中国の受けた歴史的屈辱をことさらに言い立てたりはしなかった。果てしない対外戦争と国内の権力闘争に明け暮れた毛沢東には、そんな余裕もなかったであろう。

中国の歴史的な復讐主義が登場し、被害者の顔が表に出るのは、時代を遥かに下った鄧小平時代のことである。鄧小平は1989年の天安門事件の後も、果敢に中国経済の改革開放を進めた。鄧小平は「窓を開ければハエも入ってくる」と述べて、自由主義思想の浸透に鷹揚《おうよう》な構えを見せていた。しかし、実際には、天安門事件が中国の針路を大きく脱線させる。

天安門事件の後、鄧小平は民主主義への扉を閉ざし、経済面だけの改革開放に舵を切った。鄧小平は「南巡講話」で中国経済の開放を強く訴え、西側資本に大きく扉を開き続けた。鄧小平は、何よりも一気呵成《いっきかせい》の工業化による富国強兵を望んだのである。

鄧小平以降、中国の共産主義は変質した。国家資本主義、国家社会主義とでも呼べるような、マルクスの理想とは似ても似つかない政治経済体制ができあがった。

その後、冷戦の終了とソ連、東欧の共産圏の崩壊は、中国共産党を震え上がらせた。鄧小平は中国共産党の新しい正当化根拠を必要とした。それが愛国主義であった。その教材は、19世紀と20世紀前半の屈辱の歴史であった。林則徐記念館（アヘン戦争記念館）、円明園史跡（アロー号事件史跡）、盧溝橋記念館、南京事件記念館と、歴史博物館が次々とオープンしたのは、鄧小平以降のことである。

国民国家形成時の国民教育に愛国主義を過剰に注入すると、創成期の近代的アイデンティティに憎悪を刷り込むことになる。過剰なナショナリズムは国家にとって毒になる。

今、中国の国力が伸長し、目くるめくような大国意識が中国人を覆っている。力への過信が始まっている。そこに刷り込まれた負の歴史の記憶が甦る。歴史的雪辱の国民的欲求が雲のように湧き上がってくる。「西洋に押し付けられた秩序ではなく、自分たちの手で、自分たちの望む秩序をつくるのだ」という欲求が抑えられなくなりつつある。それが今、中国が急速に進路を変え、西側から去りつつある理由である。

大日本帝国の暴走を彷彿

大日本帝国は、日清・日露戦争、第1次世界大戦を経て「世界5大国」の地位を占め、1920年代には政党政治による大正デモクラシーの繁栄の時代を経験しながら、一転して30年代には全体主義的な雰囲気の中で軍の暴走を許し、大きく道を踏み外した。帝国は崩落し、首都東京は米国等の進駐軍に占領された。昭和の軍人たちが、夜郎自大の大国主義に侵された結果である。

今の中国の方向転換は、30年代の大日本帝国の軌跡を彷彿させるものがある。昭和前期の日本では、日清、日露の戦役も忘れ去られ、実際に戦争を知らない軍人が国力の伸長に酔いしれた。血と硝煙の匂いを嗅《か》いで、日清戦争、日露戦争を経験した軍人が皆退役した後、空疎な国威発揚のスローガンに酔った軍人の暴走で、大局を見た怜悧《れいり》な外交は吹き飛び、大日本帝国は道を踏み外したのである。

30年代に日本が打破を求めた国際秩序の「現状」とは、欧米植民地帝国が住む天上と、隷従させられたアジア人、アフリカ人が住む地上が分かれた二重構造の国際社会であった。「不義の国際秩序」を力で変えることに迷いはなかった。しかし「アジアの解放」という理想は、満州国の建設、日中戦争、援蔣ルートの遮断、総力戦用の資源収奪、独自のブロック経済圏の創出という、狭隘《きょうあい》な軍事的野心の下で輝きを失っていく。

軍功を焦る日本の軍人には、アメリカ独立、フランス革命、奴隷貿易撤廃、米国の黒人奴隷解放、南北戦争、アジア、アフリカ諸国内での民族自決運動の胎動という自由主義思想の世界史的展開が見えなかった。総力戦時代に入った弱肉強食の帝国主義国家間の競争を軍事力を使って生き延び、覇を唱えることにしか関心がなかった。

日本が負けた後、時を置かずして二重構造の世界秩序は、フラットな自由主義秩序へと変貌を遂げた。人類が、性別、宗教、信条、肌の色、人種に基づく差別を否定し、個人の尊厳の絶対的平等への渇望に突き動かされるようになったからである。

国連ができて平和が制度化され、自由貿易体制が定着した。ガンジーは非暴力を貫いてインドを独立させた。アジア、アフリカの国々のほとんどは独立を果たした。米国ではキング牧師の公民権運動で制度的人種差別がなくなった。南アフリカのアパルトヘイトは死んだ。90年代に至って、共産圏の独裁体制が次々と倒れ、また、アジアの開発独裁も倒れた。21世紀を迎える前に、自由主義的国際秩序、ルールに基づく国際社会が、その姿をくっきりと現した。

昭和前期の日本は、20世紀後半に登場した自由主義的な国際秩序を想像することができなかった。日本は東亜新秩序を唱道し、アジアの解放を謳ったが、実は、アジア人の自由意思を正統性の根源に据えた自由主義的な秩序を考えていたわけではなかった。自らの勢力圏を膨らませようとしただけだった。

今、中国が目指す「国際秩序再構築」にも正義はない。20世紀の前半、ナチズムを下し、20世紀の後半、植民地支配と人種差別を滅ぼし、共産主義を下して登場した自由主義的国際秩序は、21世紀の今日、地球的規模に広がっている。今日、中国が打破するべき不義の現状は存在しないのである。むしろ、中国は、米中、日中国交正常化以降、この自由主義的国際秩序から最も裨益《ひえき》してきた国である。中国には、西側と共に守るべき秩序が存在するだけである。今の中国には、それが見えなくなっている。逆に90年代に骨の髄まで凍りついた共産圏崩落の恐怖からようやく解放され、むしろ中国の指導する世界秩序構築の野望が剝《む》き出しになりつつある。

「世界の主」という世界観

中国の伝統的な世界観は、ビザンチン帝国のそれに似ている。キリスト教を正教としたビザンチン帝国では、皇帝は神の代理人であった。西欧では王権神授説がただのフィクションとして廃れていくが、ビザンチン帝国はそうではない。皇帝は最後まで神の代理人であり、地球は皇帝の物であり、全ての人類は下僕である。ビザンチン皇帝の教化が及ぶ範囲が、東ローマ帝国の領土なのであるから、本来、国境というものはない。国境の外とは、単に化外《けがい》の蛮族が住む地域のことであった。

中国とビザンチン帝国は、よって立つ基盤がキリスト教か朱子学かというだけで、その垂直的秩序への志向は変わらない。

中国人が世界を天下と呼ぶのは、天の下にある物は全て、天から命を受けた中国皇帝の物だからである。中国は有史以来、常に匈奴、五胡、契丹、遼、元、金、清という北方騎馬民族の武威に悩まされて来た。朱子学は儒学の本家である中国の道徳的優位性を論証することによって、中国による世界支配の正統性と北方騎馬民族に対する優位性を学問的に固定した。

中国は常に自らがアジアの序列の中で最高位にあることに執着した。つまり、何を与えてもよいから、中国皇帝を父、兄と呼べというのが、中国歴代王朝の伝統的な外交方針であった。

このような考え方が牢固として確立したのは、14世紀に登場した明の頃である。モンゴル族の元を滅ぼし、江南の明が久々の漢民族王朝を建てた。明の考えた国際秩序は、至高の徳を実現した中国皇帝を頂点とし、その周囲に皇帝の徳を慕う朝貢国が群れ従い、その外側に蛮族が割拠すると考える華夷秩序であった。

その想定する世界秩序は、欧州のフラットなウェストファリア（主権国家並存と勢力均衡）型秩序とは全く異なり、中国を頂点とするピラミッド型の垂直秩序であった。明の人々は、元の時代にクビライから、モンゴル人、色目人（イラン人など）、漢民族、南方アジア人という順番で身分を押し付けられ、差別を受けてきた漢民族の屈辱を雪《すす》ごうとしたのであろう。朱子学は、漢民族の皇帝こそが天の代理人であるという自尊心が下敷きとなっているように見える。

朝貢体制とは、儒教最高の徳である仁を体現する中国皇帝が、皇帝の徳を慕って帰順した周囲の蛮族を諸侯として封じ、朝貢を求めるというものである。朝貢国家に対して、貿易だけを求めてくる国は「互市」と呼ばれ、朝貢国の外側に住む化外の民として扱われた。日本と欧米諸国である。

日本は常に華夷秩序の外側に立ち続けた。日本は、隋・唐・宋の時代には中国から大きな影響を受けたが、元寇の際には元と戦火を交えた。日本人にとって元は、初めて目にする北方騎馬民族の中国であった。元寇を押し返した日本人は、決定的に華夷秩序の外側に立つことになった。それは室町時代、江戸時代を経て今日まで続く。今でも韓国の人は驚くが、日本は、唐以後一貫して朝貢国であった朝鮮王と異なり、紫禁城の中で厚遇されたことがない。朝貢したことがないからである。

日本を始めとする西側諸国は、20世紀に夥《おびただ》しい血を流して、現在のフラットな自由主義的国際秩序を構築した。二度の大戦、植民地独立運動、人種差別撤廃運動、独裁から民主化へと多くの人々が多大の犠牲を払って勝ち取り、手に入れた自由主義的な国際秩序である。今さら中国が西側を去ってつくり出す独自の中華秩序など、誰も求めてはいない。中国の唱える「運命共同体」には、かつて大日本帝国が唱えた「八紘一宇」の匂いがするからである。

台湾アイデンティティが与えた衝撃

習近平体制による香港の「一国二制度」の暴力的廃止やインド国境への侵入、尖閣諸島周辺での恒常的な日本の領海への侵入、スカボロー礁の実効支配奪取、南シナ海全体に対する管轄権の主張と拠点の軍事化という一連の拡張主義的行動は、国力増長に伴うナショナリズムをエネルギー源とし、中国版レコンキスタ、歴史的復讐主義から出てきている。残念ながら、愛国主義に酔った今日の中国人の多くがそれを正しいと思っている。

今、中国が狙う最大の獲物が台湾の「回復」である。なお、中国は尖閣諸島も台湾の一部と主張しているので、台湾の回復には尖閣の奪取が含まれる。

台湾は日清戦争の結果、日本に奪われ、かつ、国共内戦の宿敵である蔣介石国民党の逃げ込んだ島である。台湾の回収は中国共産党の栄光の建国神話の最終章でなければならない。

1990年代、台湾が民主化に踏み切ったとき、当時の李登輝総統は初めての総選挙で「自分は台湾人である」と連呼し、国民の圧倒的支持を得た。

中国共産党幹部には「台湾人」という言葉は胸に突き刺さっただろう。

中国は、チベット、ウイグル、内蒙古、朝鮮半島近辺などに1億人近い多くの異民族を抱え込み、共産主義イデオロギーによる求心力が弱まるなかで、いかに「国民国家」として統合をはかるかということに苦しんでいる。その中国人にとって、民主化後の台湾に「台湾人」という別のアイデンティティが生まれたことは、大きな衝撃であったであろう。

実際、台湾は、近松門左衛門の「国姓爺合戦」で日本でも有名になった鄭成功が、明の残党と共に逃げ込んだ17世紀以前は、オランダの植民地であり、マレー系の先住民や福建省から移ってきた漢人や客家《はっか》の人たちが住民だった。清が康熙帝の時代に明の残党を滅ぼして、台湾は中国の一部となるのである。

第2次世界大戦後、蒋介石の国民党政府は、台湾の近代化に尽力した日本に比べ、「大陸反攻」を掲げるだけで、台湾自体の発展には関心を払わなかったため、人気がなかった。運命に翻弄された台湾人は「犬（日本）が帰って豚（国民党）が来た」と自嘲した。犬は役に立ったが豚は食べるだけだという意味だったという。近代的な日本の統治の後、19世紀の軍隊のような国民党を見た台湾人のショックは大きかった。この点は日本の後に米国の影響下に入った韓国と大きく事情が異なる。

国民党入城直後の1947年、些細な出来事から始まった台北の騒乱では、2万人が国民党による弾圧の犠牲となった。国民党が引き連れてきた大陸の外省人は人口の15％を切る。蒋介石入城後の台湾は、実は本省人と呼ばれる本来の台湾人が大多数を占め続けた島だ。その状況で国民党でありながら台湾生まれの李登輝氏が、民主化に舵を切り、総選挙の最中に自分は台湾人だと連呼すれば、台湾人のアイデンティティが目覚めるのは必然だったと言える。

かつてほとんどの台湾人が「自分たちは台湾人兼中国人」と言っていたが、李登輝時代を経て今や大多数の台湾人が「自分たちは台湾人だ」と言い切る。そのアイデンティティは本物である。台湾は大陸中国とは近代化の過程において異なった道を歩んだ。近代化、民主化において大陸に先んじた台湾住民のアイデンティティは中国とはもはや別個のものとなっている。

もともと言葉や文化的背景を同じくする同一民族であったとしても、宗教の相違や戦争などの理由で、近代的な統一「国民国家」が成立する以前に分離してしまえば、違う国民になることはあり得る。

今、中国は全ての少数民族を含む「中国人」が自分のアイデンティティを共産党が支配する国家と重ね合わせる運動を進めている。中国版皇民化政策である。強い政治的統合力を働かせなければ、国がばらばらになるという恐怖が覆っている。それは新疆ウイグルやチベット、内蒙古での少数民族弾圧が象徴している。

こうした流れから、中国のナショナリズムは、今や台湾が独自の道を歩むことを抑え込もうとしている。そこには台湾住民の自由意思に対する尊重は見られない。台湾住民の人間としての尊厳に対する配慮もない。私たちが、台湾問題を見るとき、中国の歴史的領土回復を重視するのか、それとも台湾人の自由な選択を重視するのかが問われているのである。

第4章

転換する戦後日本外交

1 分断された国内政治

立ち位置は東側への漂流阻止

終戦後、日本は経済大国として世界に確固たる地位を占めた。しかし、世界の平和・安定に対して十分な役割を果たしてきたと言えるのだろうか。

冷戦期の日本外交はとても単純だった。安全保障に関する限り、政府がやっていたことは、西側に立ち位置をしっかり取って、日本、韓国、台湾、フィリピンといった太平洋西岸の自由主義圏を守り、東側陣営の影響力を排除することだった。さらに西側に立ち位置を取った日本が、国内冷戦の構造化された国内政治を通じて東側に漂流することを阻止することであった。すなわち日米同盟を強化し、防衛力を増強する路線である。特に55年体制が立ち上がってから、政府と自民党の方針は一貫していた。

逆に、日本社会党など革新を自称し、東側陣営に軸足を取った人たちは、反対の発想になった。日米同盟廃棄、再軍備反対を訴えた。一見、非現実的な日本社会党の「非武装中立」も、イデオロギー対立の文脈で見れば論理的だ。社会党が米国の初期占領政策である日本の完全非武装を担いだところが歴史の皮肉だった。非武装と同時に叫ばれた中立志向（日米同盟廃棄と米軍撤退）はソ連の対日世論工作の結果だった。非武装中立のスローガンは、いかにも冷戦時代を象徴するもので、国際冷戦と国内冷戦は連動していた。

太平洋戦争に負けた日本は、連合国軍総司令部（ＧＨＱ）に占領された。日本は元寇も押し返しているので、外国人に首都を占領されるのは歴史上初めてのことであった。しかも東京大空襲、原爆投下、沖縄戦などの結果、１００万人もの民間人が亡くなっていた。軍人の戦死者は２００万人を数えた。東日本大震災の死者が約2万人であるから、とてつもない数だった。初めての亡国の経験だった。

戦時の国家指導は派手な戦争宣伝ばかりで、真摯な国民説得の努力に欠けた。敗戦後、多くの肉親や体の一部や財産を失った国民が、「こんな話は聞いていない！」と憤ったのは当然だった。

戦後には戦前、危険思想とされていた共産主義などの左翼思想も解禁された。ＧＨＱも「新しい日本には、そうした主張もあってよい」と容認したところがあった。進駐軍将校は、獄中の政治犯は軍国主義に抵抗する自由主義的な政治犯ばかりだと、単純に思いこんだのであろう。戦後の日本は、当然、米国の影響力も強いが、東側陣営の雄であるソ連も懸命に影響力を行使しようと入ってきた。

高度成長時代の前の日本は貧しかったし、1950年代には、未だ共産主義思想が世界中を席巻していた。サンフランシスコ講和会議と日米安保条約署名の際にも、共産圏を抜いた片面講和だと、国内の左派勢力からはずいぶん批判された。国際冷戦を反映して、イデオロギーの力で国内政治が分断されていた。敗戦国の日本にはドゴールのフランスやネルーのインドのように第3の道を独自に歩む力はなかった。

55年に日本社会党が立ち上がった。戦後すぐに分裂した右派社会党と左派社会党が統一した。日本は敗戦の傷跡が深く残り、生活も貧しく、労働争議も激しかった。未だロシア革命の衝撃の余震も消えておらず、社会主義、共産主義のイデオロギー的影響力は大きかった。このような状況の中で、保守のほうも大慌てで結集し、自由民主党が旗揚げされた。社会党統一のショックで保守合同が実現したのである。

戦後の外交方針は、自民党が長期にわたり政権を握ったこともあり、51年のサンフランシスコ講和会議と55年の保守合同から基本的には動いていない。

米国の抑止力で平和を謳歌

当時の東アジア情勢を見ていくと、米国の影響下に残った旧日本領の韓国及び台湾、旧米国領だったフィリピンといった北西太平洋の海沿いの国々を、米国が自分の同盟網に組み込んでいったことが分かる。50年に朝鮮戦争が勃発して、冷戦が熱戦になると、第2次世界大戦の戦勝気分に浸っていた米国が猛反撃に移る。

当時、アジアで力の実体と言えるのは日本だけだった。朝鮮戦争も、日本が未だ武装解除している最中だから、日本の残存装備を利用して米国が勝てたのである。あまり知られていないが、朝鮮半島の地理に詳しい旧軍人も協力した。日本海軍の人達は、海上保安庁に入って元山《ウォンサン》近辺まで出張って機雷掃海に協力し、殉死者まで出した。米軍が戦局を一気に好転させた仁川《インチョン》電撃上陸作戦は日清戦争開始直前の日本陸軍の仁川神速上陸作戦の二番煎じだった。朝鮮戦争の結果、米国は日本を早く再軍備して冷戦に協力させせなくてはいけないと決心したわけである。

米国外交には、建国の理想である自由主義が色濃く出る。戦後、米国は基本的には東南アジアの植民地の独立を支援する側に立った。インドネシアがオランダから独立する際にも、国連を通じてインドネシア側に立って介入した。しかし、米国は冷戦の文脈になると、民主主義国家である宗主国側に立って積極介入した。ベトナムでは、第2次世界大戦後にホーチミンが独立を宣言したが、フランスがそれを認めなかった。ホーチミンは当初米国に接近しようとするが、フランスがNATO非加盟を脅して米国をフランス側に引き込んだ。米国は冷戦の文脈でベトナムに介入して、大火傷することになった。日本は朝鮮戦争でもベトナム戦争でも、直接の被害を受けていない。米国は極東の軍事力を日本中心に前方展開したために、その抑止力で、日本は平和を謳歌することができた。

ベトナム戦争には、米国のアジアの同盟国は日本を除いて全て参戦していた。韓国に台湾、フィリピン、マレーシアも軍隊を出していた。けれども日本は行かなかった。

朝鮮半島は南北の分断が続くが、韓国は漢江《ハンガン》の奇跡と言われた経済成長を果たし、今では大国になった。朝鮮半島が安定することは、明治以降、日本の悲願でもあった。このあたりは『歴史の教訓』(新潮新書)で述べたが、朝鮮半島は、歴史的に中国と日本の間に設けられたバッファゾーンであった。大陸の北方に中国より強い国が出てくると、非常に危険である。力の真空である朝鮮半島が日本に向かって突き出していることは、日本侵略用の鉄橋が無造作にかかっているのと同じである。北方の大陸勢力が中国に向かえばともかく、日本に矛先を向ければあっという間に九州が攻め込まれる。

朝鮮半島を通じてロシアが南下して来ることを日本はずっと脅威に感じていた。しかし、朝鮮戦争後、米国が韓国を強く繁栄する国として立ち上げたことで、日本の安全保障環境は大きく改善された。

戦後の日本外交は、とても恵まれていた。安全保障政策として日本が何をやっていたのかと言えば、ソ連の軍事力を抑えるような力は自衛隊にはなかったので、軍事の大きいところは米国に任せて、北海道固守の局地戦に集中した。日本政府の方は、むしろ国会論戦などでは東側の宣伝に世論が引きずられないようにすることが目的となった。

要するに、ソ連が得意とする国内浸透工作が奏功して、日米同盟が内側から崩されていくことを止めるということだ。国際冷戦への対応というよりは、国内冷戦対策で、外交と国内政治が結び付いて、国際政治がそのまま国内政治に持ち込まれていた。

日本は戦争に負けた後であり、自衛隊はまだまだ弱く、経済は高度成長の前だった。日本には、国際政治を動かす軍事力も経済力もなかった。そのため、戦後に米国がつくり上げた極東の安全保障の仕組みを守り、米国が構築した自由貿易体制の果実を得ることが戦後の日本外交の目的となった。端的に言えば、敗戦国日本は復興、復権に必死であり、外交的な能動性はゼロだった。

もちろん、極東ソ連軍の圧力は厳然たる現実であった。しかし、面白いことに、冷戦中の日本人は、今の日本人が中国や北朝鮮に関して抱くような脅威を、ソ連（ロシア）に対して余り感じていなかった。それはおそらく、ソ連がヨーロッパの国であり、人口のうち、ほぼ1億人は欧露部のほうにいて、極東部には冷戦時でさえ800万人くらいしかいなかったためだろう。今ではそれが600万人に減少している。

極東ソ連軍は40万人いたから、大きな脅威ではあったが、実は欧露部で北大西洋条約機構（NATO）がソ連軍の頭をしっかりと抑えていた。北極海越しには、米国の核ミサイルがずらりとソ連を向いて並んでおり、ソ連が極東だけで戦端を開くとは考えにくかった。冷戦中は、全体として見ると、実は対ソ軍事関係も安定していたと言える。

受動的に決まった外交方針

戦後半世紀の間、外務省では条約局がとても強かった。なぜかと言えば、主要国との国交正常化交渉を全て横並びで見ているからだ。どの国とどんな問題があるのか、国交正常化の過程が全て頭に入っているし、戦後日本外交全体の体系も見えていた。軍事力が使えない日本は、国際法で勝負せざるを得なかった面もある。小和田恆、柳井俊二、小松一郎を挙げるまでもなく、歴代条約局長（後に国際法局長と改称）が日本外交に残した足跡は大きい。

国際関係は刻々と変わるから、状況が変わる度に外務省に新しい課題が下りてくる。けれども、それは常に受動的なもので、日本外務省が冷戦下の世界を動かしているわけではない。1952年の独立から20年間の一連の外交トピックをざっと辿ってみると、それがよく理解できる。

サンフランシスコ講和は、冷戦の始まりの時期で、未だ朝鮮戦争中だった。旧軍に警戒心が強かった外交官出身の吉田茂首相は、独立後も米軍の駐留を求める旧安保条約をつくった。強大な旧軍の政治力復活を排し、壊滅した経済と国民生活を回復し、強大なソ連赤軍を抑止するために、吉田は300万同胞の命を奪った敵国である米国との同盟に舵を切ったのである。国内の批判は凄《すさ》まじかった。吉田の胆力なくして、今日の日本はない。これが日米同盟の原型となる。

ところが、ソ連にフルシチョフが登場して突然に「雪解け」が始まった。日本と西ドイツの国連加盟の話が出る。そうすると、日本国内では10年間も極寒のシベリアで強制労働させられていた旧陸軍人や民間人60万人の抑留者を一刻も早く返せという話になる。当時、すでに5万~6万人が極寒の収容所で亡くなっていた。こうして日ソ国交正常化への動きが始まる。このタイミングで親米路線の吉田政権が倒れたから、公職追放で米国嫌いになった鳩山一郎首相が日ソ国交正常化を一気に推し進めた。

岸信介内閣は、少しでも日米関係を対等にしようと、日米安保条約の改定を実現した。これは岸の発意だった。鳩山を通じて日本との関係を近づけようとしていたソ連は失望した。当然ながら国内の左派は猛反発した。岸は日米安保改定で政治生命を燃やし尽くして退場する。御殿場に隠棲した岸の邸宅には、吉良上野介のように暗殺者が来たら逃げ出せる仕掛けがしてあったという。命がけの安保改定であった。

60年代半ばになると、ベトナム戦争を戦っていた米国から、日韓関係を早く正常化して朝鮮戦争で疲弊しきった韓国の面倒をみるべし、という話が出る。日本は戦後復興を遂げて高度経済成長期に入っていた。朴正煕大統領と佐藤栄作首相の間で日韓関係が正常化する。

ベトナム戦争で疲弊した米国はニクソン政権になると、中国との関係改善を模索する。キッシンジャー大統領補佐官の暗躍が有名になった。毛沢東のほうもフルシチョフと対立し、ソ連の軍事侵攻を恐れた中国は、ソ連の威圧に耐え切れなくなっていた。

この機を利用して米国はソ連から中国を引き剝がしにかかり、米中が接近していく。日本には何も知らされていなかった。このとき、田中角栄首相が一気呵成に日中国交正常化を果たした。これは田中首相のイニシアチブで、米国には「前に出過ぎだ」とかなり怒られたと言われている。

このように周辺大国の戦略的力関係の変化に合わせて、日本の外交方針は受動的に決まっていたのである。日本のほうからだけ見ると、日本が周辺国と順番に国交正常化を果たしていった感じがするが、実際はそんなことはなかった。国際政治の急流のうねりにうまく身を任せて川を下っていったというのが本当の姿である。

2 国際貢献に踏み出す

現れ始めた意識の変化

日本は60年代の段階で、すでにイギリス、フランス、ドイツの経済規模を抜いていた。もともと日本はこれらの国の2倍の人口があるから、国民の所得水準が上がっていけば抜いていくのは当たり前だが、日本人自身が自分たちの大きさ、重さに気がついていなかった。今日の中国のようなものである。心の成長より体が先に大きくなった。

国力が急激に大きくなるときは、国際政治全体のバランスの中での自国の戦略的な大きさや、立ち位置が分からなくなる。それが70年代の日本だった。この辺りは、自由貿易という競争をオリンピックに喩《たと》えると分かりやすいかもしれない。

日本が経済成長を遂げて、イギリス、フランス、ドイツを抜いて銀メダルを獲り、無邪気に「次は金メダルだ！」などと言っていても、トップを走っている米国からは覇権を求める野心に見え、権力闘争の開始だと取られる。そして、いつの間にかにルール自体が変えられてしまう。短距離走だと思っていたのが、「これはプロレスだ！」ということになる。

今、米国が中国に対してやっていることもそういう面があるだろう。80年代、日本は自分で気付かないうちに国際社会全体の勢力均衡を変えてしまうほどの大きさになっていた。だから貿易摩擦が起きた。あの頃、米国の貿易赤字の約6割が日本だったが、今や中国が米国の貿易赤字の約5割を占めるようになって、トランプ前大統領が中国に対して貿易が不公正だと激怒した。デジャ・ビュー（既視感）である。

日本の安全の面倒を見ている米国が、当時の驕《おご》った日本を許してくれるはずはなかった。米国は「何かがおかしい。競争が公正ではない。日本市場は閉じられている」と言い出して、猛烈な日本バッシングが始まった。

この時期から日本人の考え方が少しずつ変わっていったと思われる。私は81年に外務省に入省したが、日本はまだ国際社会の中では「大人しくして、経済成長に邁進していればよい」という雰囲気があった。未だに敗戦国としての執行猶予期間が続いていたような感じだった。

若い外交官だったから、そういう空気に対しては「何だ、これは？」と卑屈に感じたものである。しかも、国会では、東西冷戦を代表する保革の勢力が、外交・安保政策をめぐって不毛なイデオロギー論争を繰り返していた。国会の花形である予算委員会は、予算審議の場というよりも、安保闘争の劇場と化していた。

けれども日本が次第に自信を深めてくると、省内にも日本は主体的に世界の舞台で何かできるはずだという意識が出てきた。

このときに出てきた言葉が「普遍性」と「能動性」である。小和田恆条約局長を中心に条約局系の人たちが言い始めたものだ。そろそろ冷戦も終わるから、いつまでも執行猶予の身分でいるのではなくて、我々の旗印である「自由と平等」を掲げて、世界の中で存在感を示そうではないか。こうして「国際貢献」という言葉が盛んに使われるようになった。最近では手垢《てあか》が付いていてあまり使われないが、当時は日本が国際社会に貢献するという考え方自体が非常に新鮮だった。「日本も何かやれる。世界に貢献できるんだ」と。若い外交官には力が湧いてくる感じがあった。

70年代はまだ政治主導ではなかった。はっきり言えば、経済成長優先の国民的雰囲気の中で優秀な大蔵省主計局長など、主要経済官庁出身の政治家が、官僚の延長で首相をやっていたような時代だった。

吉田学校卒業生の時代で、あの頃の官僚はみんな頭が良く、日本外交のあり方についてよく考えていた。大平正芳首相は、70年代にすでに環太平洋連帯構想を打ち出していた。それが今日の環太平洋パートナーシップ協定（ＴＰＰ）につながっていくわけだが、壮大な構想力である。それは大平氏が大蔵省出身の優秀な官僚だからできたのだと思う。ブレーンの大来佐武郎氏もよかった。まだ官僚の力がとても強かった。

先にも述べたように、この時代の国会はイデオロギー色が強く、「東西激突劇場」のようなことばかりやっていた。裏では密室の国対政治がはびこった。金権政治の時代でもあった。

メディアも80年代に読売新聞と日本テレビが保守中道に舵を切るまでは、産経新聞以外、全てが朝日新聞と同じような革新派の論調だった。産経vs.オール朝日のような構図だ。ニュースはメディアから一方的に供給されるもので、国民から求められるものを流すという感じではなかった。そういう意味では、冷戦時代の日本政治は国民不在であった。

冷戦終結が転機に

日本の外交姿勢が変わり始めたのは70年代である。特に大きな衝撃となったのが、79年にソ連がアフガニスタンに侵攻し、ニクソン大統領とキッシンジャー大統領補佐官が演出した「デタント」（緊張緩和）は姿を消した。そして、「新冷戦」と呼ばれる東西対立の時代に突入した。

82年の中曽根康弘首相の登場は新鮮だった。中曽根首相は「日本は西側陣営の一員である」と公言した。中曽根首相は戦後レジュームの総決算を掲げ、敢然と保守色を鮮明にした。そしてシーレーン1000海里防衛構想を打ち出し、海上自衛隊の対潜戦部隊を増強して、戦後初めて米国のアジアにおける防衛体制の一翼を担った。

岸首相以降、安全保障問題から目をそむけ、経済成長に邁進《まいしん》する国内冷戦の東西バランスに気を使うバランス型、保革両勢力の調整型の首相が多かったが、久々に日米安保体制の強化に傑出した業績を残した首相であった。そしてレーガン大統領との蜜月を実現して、戦後の日米関係に一時代を画すことになった。

今から思えば、「西側陣営の一員」と公言することは当たり前だが、ちょっと前の時代までは「同盟」や「戦略」という言葉を使うこと自体が「軍国主義だ」と批判されていた。外相だった伊東正義氏が、「日米同盟には軍事的な側面もある」と鈴木善幸首相に反論して辞任したこともあったし、外務次官の高島益郎氏が辞表を出したこともあった。片言《へんげん》隻句《せきく》の揚げ足取りで、直ちに政局になっていたイデオロギー論争の時代だった。

80年代、実際に外務省でやっていたことは、ロン・ヤス（レーガン大統領・中曽根首相）関係を利用した同盟強化というより、対米貿易摩擦への対応だった。軍事、安全保障については、国会等の公の場ではほとんど実質的な議論がなされていなかった。自衛隊はソ連軍の重圧を前に大変な苦労をしていたが、国会や新聞の議論はイデオロギー対決一色で、安保の中身の話はしないというのが時代の雰囲気だった。ソ連のアフガニスタン侵攻後の新冷戦期に入ってからでさえも、日本外交は経済摩擦対応に追われていたのである。

状況が変わったのは、アフガニスタン侵攻で疲弊し、極端な独裁体制に政治的にも経済的にも疲弊したソ連が91年に内側から崩壊し、唐突に冷戦が終結することになって以降のことだった。それまで安全保障の実質的な話は、公に議論できるような雰囲気ではなかった。安保を議論すること自体が悪という雰囲気だった。実際、有事法制の必要性に言及しただけで、栗栖弘臣統合幕僚会議議長がクビになったりしたこともあったほどだ。

当時の我々が一番心配したのは、ソ連という共通の敵がいなくなったことで、米国の日米同盟への関心が薄くなっていくことだった。冷戦後、米国は何十万も軍人の数を減らしている。国防費も大幅にカットして、米国防衛産業も強力に再編が行われた。そこで、外務省に「経済大国になって、このまま日米安保にタダ乗りしていると、きっと米国に捨てられる」という危機意識が出てきた。経済大国にもなったのだから、同盟国としての責任をもっと担おうという意識が出てきた。海上自衛隊も同じ雰囲気だった。

80年代後半、90年代前半は、バブル経済のおかげで予算は潤沢にあったので、東南アジアへの経済支援、東欧への民主化支援を始めとして、お金を使った外交は派手にやった。冷戦後の東欧諸国の発展と民主化を支えるというのは、外交政策としては新しい動きだったと思う。

冷戦中、東欧は先進国扱いとされていたから、政府開発援助（ODA）対象国のなかに入れる発想はなかったが、冷戦終結後後に日本は東欧の民主化が始まると、間髪入れずに支援を決めた。実は、西欧諸国は、いつソ連の赤軍やロシア軍が東欧の民主化潰しに出てくるか分からないと恐れていたから、あまり動かなかったが、日本は突出して東欧諸国を支援した。東欧諸国は、日本は自分たちが一番辛いときに助けてくれたと、ずっと感謝していた。その後、欧州連合（EU）に加盟して成長し、最近はそれを忘れているようだが。

東南アジア支援も本格的にやった。フィリピン、韓国、台湾を始め、東アジア諸国の民主化も始まっていた。今の価値観外交の走りである。

湾岸戦争が与えた衝撃

冷戦終結期を振り返ったときに、一番のショックだったのはやはり91年の湾岸戦争だ。冷戦終結前の90年、イラクのサダム・フセインが油田権益を求めて隣国のクウェートに侵攻した。湾岸地域は日本がほとんどの原油供給を依存する地域である。

米国は一国だけでは戦争しない国である。どんなに小さな国に対しても友好国に呼びかけて連合軍をつくる。「旗を持ってこい」と号令を掛けて、連合国の旗をずらりと揃《そろ》える。米軍は圧倒的に強いので、他国の軍事的な貢献よりも、世界の国々を糾合しているという

「強い絵」が大事なのだ。

けれども、日本は参戦しなかった。当然、米国からすれば「どこの誰が一番湾岸の石油を買っているんだ」という話になる。米軍は石油危機の後、中東全域を担当する中央軍を創設したが、中央軍の目的は、米国及び同盟国に対するエネルギーの安定供給確保だ。だから湾岸戦争では、米国は日本のために戦ったとも言えた。米国では金銭的支援だけですまそうとする日本に対する「小切手外交」「同盟ただ乗り論」が噴出した。

当時、日本は世界第2の経済大国であり、日米経済関係は、貿易摩擦のせいで非常に険悪な雰囲気になっていた。経済産業省のほか、経済官庁には米国に安全を守って貰っていることを恩義に感じている雰囲気はほとんどなかった。「米国何するものぞ」という雰囲気だった。国民の多くも米国の担保している平和は、雨水と同じように、タダだという意識が強かった。国内左派は、依然として日本が軍事的な対米貢献をすることに強いアレルギーがあった。

これに対して、米国は石油危機以来、中東を担当する中央軍を設置して、同盟国へのエネルギー安定供給を実力で担保してきた。当然、日本への期待は高まっていた。しかし、日本は在日米軍に対する大幅な支援増額や、2兆円規模の財政的貢献で日米同盟の片務性批判を乗り切ろうとした。

危機感を持った外務省は、自衛隊に湾岸地域で後方支援をやってもらおうと考えて、特別措置法を独自に国会に提出した。けれども突然の議論だったので、公明党はもとより、自民党の中も全然収まらない。革新勢力の左派の中には、自衛隊を中東に出そうものなら「直ちに、米国の戦争に巻き込まれる」という反対意見が根強くあった。野党は一気に政局に持ち込もうとして攻めてくる。55年体制下のイデオロギー激突劇場が久々に復活した。

ほとんどの石油輸入を中東に頼る日本にとって、中東の安定は戦後の日本の国益である。しかし、戦後半世紀の間、泰平の世を謳歌した日本は、中東に自衛隊を派遣する考えを受け入れるところまでには至らなかった。大日本帝国の一部だった韓国や台湾と異なり、湾岸は戦後石油文明の恩恵を受け始めてからの国益であり、国民の理解も未だ深まっていなかった。

高まる「一国平和主義」

結局、この湾岸戦争のときに十分な国際貢献ができなかったことは、外務省内では大きな反省課題となった。湾岸戦争では存在感を示すことができなかったから、せめて国連平和維持活動（ＰＫＯ）には協力しようという話になった。もともとＰＫＯはカナダ、スウェーデンなどが提案した停戦監視が主な役割だったので、我々外務省員からすれば「それすらできないのか」という気持ちでいた。

公明党の協力を得て、PKO協力法は何とか通ったが、やはり国民の意識が変わってきたことが背景にあったと思う。空想的で絶対的な平和主義に対する批判が始まって、現実的な平和主義でなければならないという話になってきた。この頃から日本の安全保障に対する考え方に対して「一国平和主義」という批判が聞こえるようになり、90年代を通じて、平和を維持するためにも、日米同盟の強化が必要であるという現実的な考え方が出てきた。湾岸戦争の頃には、ここまで議論が成熟していなかった。

モザンビークから始まった日本のPKOはやがてルワンダ（コンゴ民主共和国に拠点）、カンボジアなどで大きな役割を果たした。

国内冷戦が引き裂いた日本の国論の分裂は深く、安全保障に関しては、やはり政治主導で1年くらいは侃々諤々《かんかんがくがく》と議論をやり続けないと国民の理解は広まらない。安全保障の世界は、政治家が議論を起こさない限り大きなことは動かない。代議士が「やはりこれはやらなければ」という議論を繰り返しているうちに、世論の上で味方が集まってくる。

冷戦期間中は、そうした実りのある議論はできなかった。けれども冷戦が終結すると、成熟した国民の声が前に出てくる。国民からも「そのくらいの国際貢献をするべきだ」という声が出始めたのが90年代だった。ようやく世論の波が高くなってきた。政治家はサーファーのようなもので、世論の波に乗らないと力が出せない。政治家が波に乗るのを待たず、官僚が先走ってもうまくいくことはない。

その頃、小沢一郎氏が憲法を改正して「普通の国」を目指すべきだという主張が注目を集めた。私の印象では小沢氏は政局の人である。彼が日本の政治を大きく変えた人であることは間違いない。ただ、安全保障政策よりも二大政党制を本気で考えた人なのだと思う。自民党を割ってでも、それを実現すべきだと。冷戦の終結と共に自民党を飛び出した改革派と社会党から飛び出した人たちを、細川護熙《もりひろ》首相の8党連立政権の下で、無理やり合同させた。本来は絶対に結び付かない人たちのはずだった。野党連合の政権は短命だった。その後、小沢氏は、民主党政権誕生時にも同じことをやった。しかし、その民主党も壊れた。

小沢氏は自分の剛腕で政局を動かすことができる最後の人だった。おそらく本当に政局が好きだったのだと思う。だから政策は道具で、安全保障に関して言えば、どこに政策の線を引けば誰がついてくるのかと考える。集団的自衛権を自民党に担がせて、そこで自由党が加わり保守が集結してはどうかとか、あるいは逆に、左にウィングを伸ばすときには国連中心主義だと言い出したりした。政局次第で政策の軸が変わった印象だ。

周辺事態法につながった北朝鮮核危機

90年代の最大の事件は、北朝鮮の核危機だった。ところが、日本の新聞は宮澤喜一政権崩壊にしか関心が向かず、朝鮮半島を巡る緊張はあまり報道されなかった。日本の新聞の政治部は相変わらず政局一筋だった。外務省内では、「これは本当に戦争が始まるんじゃないか」と緊張が走っていた。北朝鮮は核兵器をつくっているのではないかという疑惑が出始めた。

北東アジアでは、中国が核を持った後、朝鮮半島で南北双方が核兵器の開発に乗り出そうとした。けれども韓国は米国に見つかって止めさせられた。それでも、韓国はしばらく頑張っていたようだった。最後は米国に締め上げられて、諦めることになったが、中国は北朝鮮の核兵器開発を続けさせた。もちろん米国は中国に止めさせるよう要求したはずだが、中国は止めなかった。中国からすれば「北朝鮮が止めなかった」と言うのだろうが、本気になったら止められたはずだった。

結局、中国は、北朝鮮が核を放棄して西側から巨額の援助を受け入れるよりは、北朝鮮に核兵器で米国を挑発させ、中国の衛星国家に留めておくほうが戦略的に得策だと判断したのではないか。北朝鮮にしても、強大になった米韓連合軍に対して、核兵器だけが唯一の頼りだった。それはまた、北朝鮮の混乱時に中国がピョンヤンに軍を進めて、傀儡政権を樹立できないようにするための保険でもあった。

このときはクリントン政権だったが、その対北朝鮮基本戦略は、核放棄と引き換えに大規模な経済支援を実施し、経済を復興させ、東欧諸国のように民主化させて西側に引き入れることだった。

米国は北朝鮮の非核化のために、激しい軍事的、経済的圧力をかけた。国防長官のウィリアム・J・ペリー氏は北朝鮮を爆撃すべきだと本気で考えていたようだった。ウォール・ストリート・ジャーナル紙に実名で、「日本に米国の核を共同使用させるべし」という趣旨の記事まで出した。当時の緊張感は相当なもので、それが下地になって周辺事態法につながっていった。

朝鮮半島は日本のすぐ横に位置する。朝鮮戦争以降、日本はずっと朝鮮半島の安全保障を米軍に頼り切っていた。当時、宮澤政権が崩壊して自民党一党支配が崩れ、細川・日本新党総裁が主導する8党連立政権が誕生したころで、内政上の大混乱が起きていた。

いざ隣の朝鮮半島で危機が起きようかという段階になると、流石《さすが》の米国も「日本は何もしてくれないのか」と怒り出した。戦後の日本の安全保障の生命線は日米同盟なので、ここが揺らぐわけにはいかない。そこで日米の役割分担を見直すことになった。

小渕恵三首相には相当な無理をお願いして、周辺事態法を成立させてもらった。日米防衛ガイドラインを改正し、これによって自衛隊が米軍の後方支援活動を行うという周辺事態における自衛隊の支援が可能になった。

北朝鮮の核問題で、自衛隊はソ連侵攻に対する日本の防衛から、朝鮮半島有事の対米軍後方支援という2つの主要任務を抱えることになった。これは朝鮮戦争以来、初めて日本の安全保障の問題として朝鮮半島が再浮上したことを意味する。日米同盟上の大きな転換点となった。小渕首相が残した大きな業績である。

小泉首相と9・11事件への対応

21世紀に入って世界を震撼させたテロ事件が起きた。アフガニスタンに根拠地をもつ国際テロ組織アルカイダが米国の旅客機を乗っ取って、ニューヨークの世界貿易センターツインビル、ペンタゴンに乗客もろとも突っ込んだのである。もう1機は勇敢な乗客の反抗で途中で墜落した。それがなければ、恐らく米議会議事堂かホワイトハウスに突っ込んでいたであろう。数千人の命が瞬時に消えた。米国主要紙の1面には「国恥の日（Day of Infamy）」という言葉が躍り、真珠湾攻撃直後を思わせる緊張した雰囲気となった。ブッシュ（Jr）大統領は「戦場は敵の本拠地だ（bring the war to the enemy）」と叫び、アルカイダを匿っていたアフガニスタンのタリバーンへの軍事作戦が始まった。

国連安保理は、このテロ行為を「平和に対する脅威」と認定し、NATOは共同防衛出動を定めた第5条を初めて発動し、NATO軍がアフガニスタンに向かった。前方展開戦略を取る米国が、その出城である欧州ではなく、本国のワシントンやニューヨークで攻撃されるなど、誰も考えたことがなかった。

日本の小泉純一郎首相は、日米安保条約第5条を発動することはなかったけれども、時限立法である特別措置法を制定して、海上自衛隊をインド洋に派遣した。いきなり駆逐艦サイズの護衛艦5隻を出動させた海上自衛隊の実力に世界の海軍は驚嘆した。米海軍は、空母機動部隊や、トマホーク巡航ミサイル搭載艦を動員して、海上からアフガニスタンを攻撃していた。世界各国から米海軍の支援に軍艦が集まってきたが、米海軍を除いて、海上自衛隊の艦隊を凌駕する規模の艦隊はなかった。英国海軍でさえ4隻の派遣だった。海上自衛隊は、戦闘作戦行動を行うことはなかったが、連合国（coalition）の艦隊に洋上給油をして回った。

サダム・フセインのクウェート侵攻の際に、散々、逡巡した日本の姿を見ていた米国は、日本の作戦面での貢献を期待していなかった。米軍は、小泉首相の決断に嬉しい悲鳴を上げていた。

その後、ブッシュ大統領は、イラクに侵攻した。小泉首相は人道復興支援のために、陸上自衛隊を派遣した。日本の陸上自衛隊が第三国の土を踏むのは、これが初めてであった。小泉首相は、さらにジュネーブ条約追加議定書の批准、武力攻撃事態法の制定など有事法制の制定で大きな成果を挙げた。

3 価値観外交へ

日本自身の旗を掲げよ

2006年に発足した第1次安倍政権では、麻生太郎外相が「自由と繁栄の弧」という外交構想を打ち出した。この頃から「価値観外交」という言葉が使われるようになり、構想は第2次安倍政権にも引き継がれた。

実は「自由と繁栄の弧」構想は、とても大雑把な議論から出てきたものである。発端は、麻生外相のためのスピーチを考案していた場面で、谷内正太郎事務次官から、ユーラシア大陸を指でグルッと囲んで、「何かできないか」と言われたことだ。それがこの構想の始まりだった。

大戦略はシンプルだ。21世紀に入ると、日本の国力が上がり、国民も安全保障に関心を持つようになった。京都大学教授だった高坂正堯氏は国際社会を捉える体系として、「力・利益・価値」という見方を指摘したが、その中で、「価値」の部分を掲げようという発想になってきた。ODAはもう十分に出していたから、我々も少しは前を向いて胸を張ろうじゃないか、日本も自由と平等、法の支配といった普遍的な価値観を正面から掲げよう、という話になった。

戦後しばらくの間、アジアは独裁国家ばかりだった。日本からすれば本当の友達がいなかった。だからアジアの自由主義圏を支援するような外交をやった。成功体験になったのは先に述べた冷戦直後の東欧諸国への支援だった。日本は冷戦後、東欧諸国に大規模な経済支援を行ったが、その後、民主化が進んで、皆、NATOやEUに加盟していった。

同じように80年代後半から開発独裁を脱して次々と民主化した韓国、台湾、東南アジア諸国連合（ASEAN）の国々と一緒に、自由と民主主義のアジアをつくるべきだと考えた。中東は少し特殊だが、東欧、インド、ASEAN、台湾、韓国を含めたユーラシア大陸の外縁の海浜部に沿った一帯に、巨大な自由圏をつくりあげようという構想だった。

日本外交は敗戦国外交だったため、戦後長い間、胸を張った外交ができず、価値観の部分がずっと抜け落ちてきた。それが私たちのような若手の外交官には不満だった。しかも冷戦中は国内が分断されていた。西側の旗を掲げると、東側陣営に近い左派から猛烈な反発があった。しかし、自分自身の旗をきちんと掲げないと、国際的には政治力を発揮できない。軍事と経済は所詮、外交の道具だが、政治は意思と信念だから、拠《よ》って立つ価値がはっきりしなければ相手にされない。自由や民主主義といった価値観は、信じるに足る価値がある。そのメッセージ力はきわめてパワフルだ。

FOIPの意味

第2次安倍政権では「自由で開かれたインド太平洋戦略」（FOIP）が打ち出された。中身は同じだが、「自由と繁栄の弧」よりも広く、地球儀全体を俯瞰する感じだ。実は第1次安倍政権時代から、安倍首相や麻生首相にスピーチライターとして仕えた谷口智彦慶応大学教授の戦略観が色濃く反映されている。

安倍首相はポスト冷戦世代、ポスト団塊世代の首相なので、今までの首相とは意識が違う。私たちの世代の首相だ。新しい日本の価値観を堂々と国民の前に、世界の前に出すことができる。靖国参拝にしても「国のために死んだ英霊に罪があるのか」と言えるし、同時に「女性が輝く社会」を掲げることもできる。自由主義と愛国主義が1人の日本人の中

各国・地域とFOIPとの連携

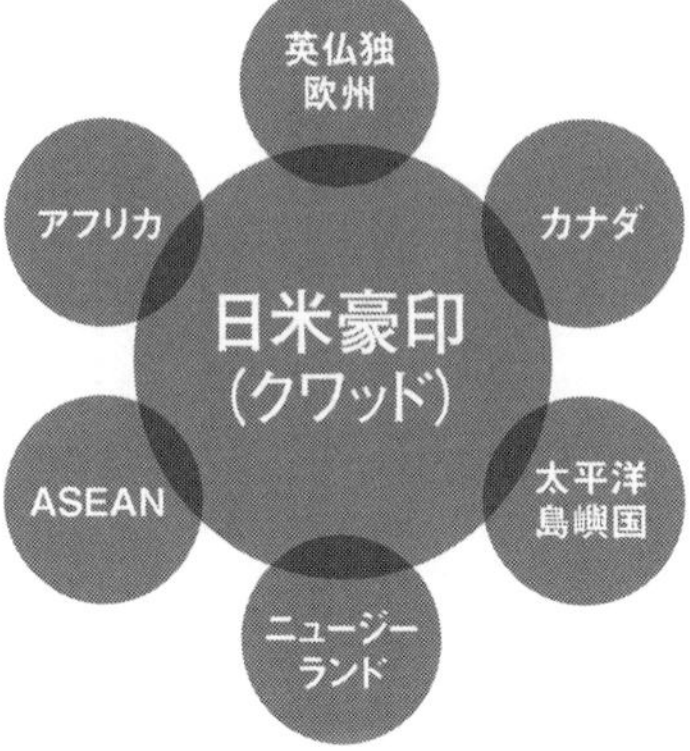

「自由で開かれたインド太平洋」の3本柱

① 法の支配、航行の自由、自由貿易等の普及・定着
② 経済的繁栄の追求（連結性の向上等）
③ 平和と安定の確保

（『防衛白書』令和３年版などを参考に作成）

に自然に共存することを証明して見せた指導者だった。そして、新しい時代の大戦略を唱えるに相応しい新しいタイプの指導者であった。

ＦＯＩＰの焦点の1つは当然、インドだ。未だに3分の1の家庭に電気が通っておらず、80年代の中国のようなものである。しかし工業化が軌道に乗ると速い。２０３５年頃には、日本を抜いて世界第3位の経済大国になると予想されている。インドも超大国化すると傲慢《ごうまん》になると思う。だからこそ、今からインドとしっかりとした協調関係を構築することが大事だ。21世紀の超大国は米印中だと思う。民主主義国家である「日印米」の枠組みは重要で、豪州も重要になる。できれば、価値観を共有する欧州の大国であるイギリスやフランスやドイツなどにも付き合ってもらうのが望ましい。

それに加えて、ＡＳＥＡＮ諸国との結び付きを深めることである。今のＡＳＥＡＮはバラバラである。フィリピン、ベトナムは中国にいじめられているため中国を嫌っている。しかし、タイは中国と物理的に距離があるから「中国と事を構えたくない」という思いになる。ＡＳＥＡＮ随一の大国であるインドネシアは南半球で、ナツナ諸島あたりで中国の横暴な行動に怒っているが、北半球の国々のような切迫感はない。ユドヨノ前大統領はＡＳＥＡＮのリーダーだったが、ジョコ・ウィドド大統領は自国の経済発展を優先している。

ただ、どこも中国の膨張を怖がっていることは間違いない。ＡＳＥＡＮ諸国はメンタリティが60年代の日本と一緒で、自分に重さがあるとは思っていないから、「大国間の闘争に巻き込まないでほしい」という気持ちが先立ってしまう。けれども、彼らはもう十分、大きな存在になっている。日本は彼らに自分たちの重みと責任を自覚してもらい、自由主義的な国際秩序を選ぶように説得していく必要がある。

また、文在寅大統領の韓国がイデオロギー的に非常に左に寄ってしまっていることも気になる。韓国は民主化が１９８７年と遅く、戦闘的で親北朝鮮色の濃い左派の影響が強い。北朝鮮が存続しているせいで国内冷戦が続いており、左右両陣営のイデオロギー的分裂が激しいが、これ以上、左に向かったら危険だ。昔の日本社会党のように、北朝鮮との融和を無批判に肯定してしまう。

韓国は60万人規模の軍隊があり、アジア随一の武器輸出国だ。ペンタゴンから見てもすでに大きな駒になっている。韓国の軍事予算のGDP比も高い。防衛費も5兆円近く、日本と同規模である。面白いことに、盧武鉉政権や文在寅政権のように反米色の強い左翼政権のほうが、自主独立防衛を訴え軍拡に熱心である。日本の左派が冷戦期にソ連の利益を代弁して非武装中立を唱えていたのに比べると、真逆である。北朝鮮との軍事的対峙もあるが、やはり軍事的でも一等国となりたいというナショナリズムの発露であろう。日本は財政が逼迫《ひっぱく》しているから、なかなか防衛費は6兆円に到達しない。NATO並みのGDP2％が目標であれば、10兆円の防衛費になるのだが。

NSCは不可欠な存在

第2次安倍政権では官邸の強さが際立った。しかし、官邸機能の強化は大統領型総理大臣を目指した中曽根首相から始まった。その後、官僚政治から政治が主導権を取り戻すことを志した橋本龍太郎首相が内閣官房（首相官邸の事務方）の強化を真剣に構想し、その意思を継いだのが、石原信雄氏（自治省）、古川貞二郎氏（厚生省）、杉田和博氏（警察庁）などの内務省系の歴代内閣官房副長官である。内閣官房の機能は制度的に強化されていった。冷戦後の政治主導の強化の流れと歩調を合わせて、首相を支える内閣制度の機能が強化されている。その1つの契機になったのが1995年の阪神・淡路大震災だった。このときに初動が遅れたことで、村山富市社民党政権が厳しく批判された。その結果、危機管理系の内閣官房組織の強化が重視されるようになった。

特に内閣官房の危機管理監以下のチーム（現在は「事態室」と通称される）が、防災を中心にどんどん強化されていった。地震・洪水防災対策では、世界最強のチームだろう。けれども対外的な危機が主体となる安全保障をやるのであれば、「事態室」の危機管理機能だけでは不十分である。外交と軍事を総合する部署が別途、必要になる。それが国家安全保障会議（NSC）である。

NSCは、第1次安倍政権のときに、安倍首相から突然に打ち出されたものだった。しかし各省庁は消極的で、当時、外務省総合外交政策局総務課長だった私は、首相の指示に従って法案の準備を進めていたが、安倍首相が病気で倒れて退いたため、実現に至らなかった。

NSCが実現するのは、第2次安倍政権のときだ。私はたまたま内閣官房副長官補だったので、再びNSC設立に関わることになった。危機管理と政策立案とは全く違う。最大の危機管理は戦争である。

政策策定はplanning（立案）とimplementation（履行）の組み合わせだが、危機管理はexecution of plan（計画の執行）だけだ。考えている時間などない。考えている間にどんどん犠牲者が出る。

危機管理では、何十万人という規模でいろいろな組織を使うことになる。自衛隊は25万人、警官30万人、消防は民間も合わせると100万人、海上保安官が1万3000人。国土交通省の防災チームも飛び出してくる。各々を指揮する大臣はバラバラだ。全体を指揮する人がいなければ、配下の実力組織もバラバラに動くことになってしまう。誰かが統括しなければならない。突然やれと言われてできるものではない。危機の際には、分単位の判断が求められるから、日頃の練習と計画が全てだ。段取りが8割の世界である。

防災と異なり、有事の際に軍隊を動かすことになれば、その指揮権は明確に決まっている。首相、防衛相、統合幕僚長のラインである。しかし、軍事と外交との調整が必要になるし、予算の手当てや、エネルギー、交通機関、電波などの面で自衛隊の後方支援が必要だ。政府部内の調整は総理の女房役である内閣官房長官の仕事だ。

私が一番心配だったのは、戦前で言うところの統帥権と国務、今の自衛隊の指揮権と政府全般業務の調整が、有事の本番で果たしてできるのかということだった。

戦前は統帥権が形式上、天皇陛下に直属しており、それが政府をバイパスして陸海軍の統帥部に直線的に下ることになっていた。平時には統合作戦を総括する司令部（大本営）は存在しなかった。大本営は戦争が始まってから設置される。しかし、日ごろから犬猿の仲の帝国陸海軍が有事になったからといって、突然、大本営で顔を突き合わせても、統合作戦を立案することはできない。結局陸海軍はバラバラに行動し、陸軍は満州事変以降、勝手に中国大陸で拡張政策をとり、追いつめられた海軍は自殺的真珠湾攻撃を敢行して大日本帝国を崩落させた。

新憲法体制下では、首相が自衛隊の最高指揮官と内閣の主宰者の両方を兼ねるわけだが、首相1人に全ての細かな調整を委ねるわけにはいかない。常日頃、少なくとも、首相、官房長官、外相、防衛相の4大臣がしょっちゅう顔を合わせて、意見を擦り合わせなければならない。NSCの中核になっているのが、この4大臣会合だ。有事の際にもここで大きな判断を下すことになる。

防衛出動が下されれば、自衛隊は猛烈なスピードで一気呵成に動く。政府がオタオタしていれば、NSCも戦時中の最高戦争指導会議や大本営政府連絡会議と同じになってしまう。戦時中は、重臣が集まって小田原評定をしている間に、陸海軍がバラバラに勝手に動いていた。こんな無様な失敗を繰り返してはならない、というのが私の問題意識だった。

NSCを支える体制（イメージ）

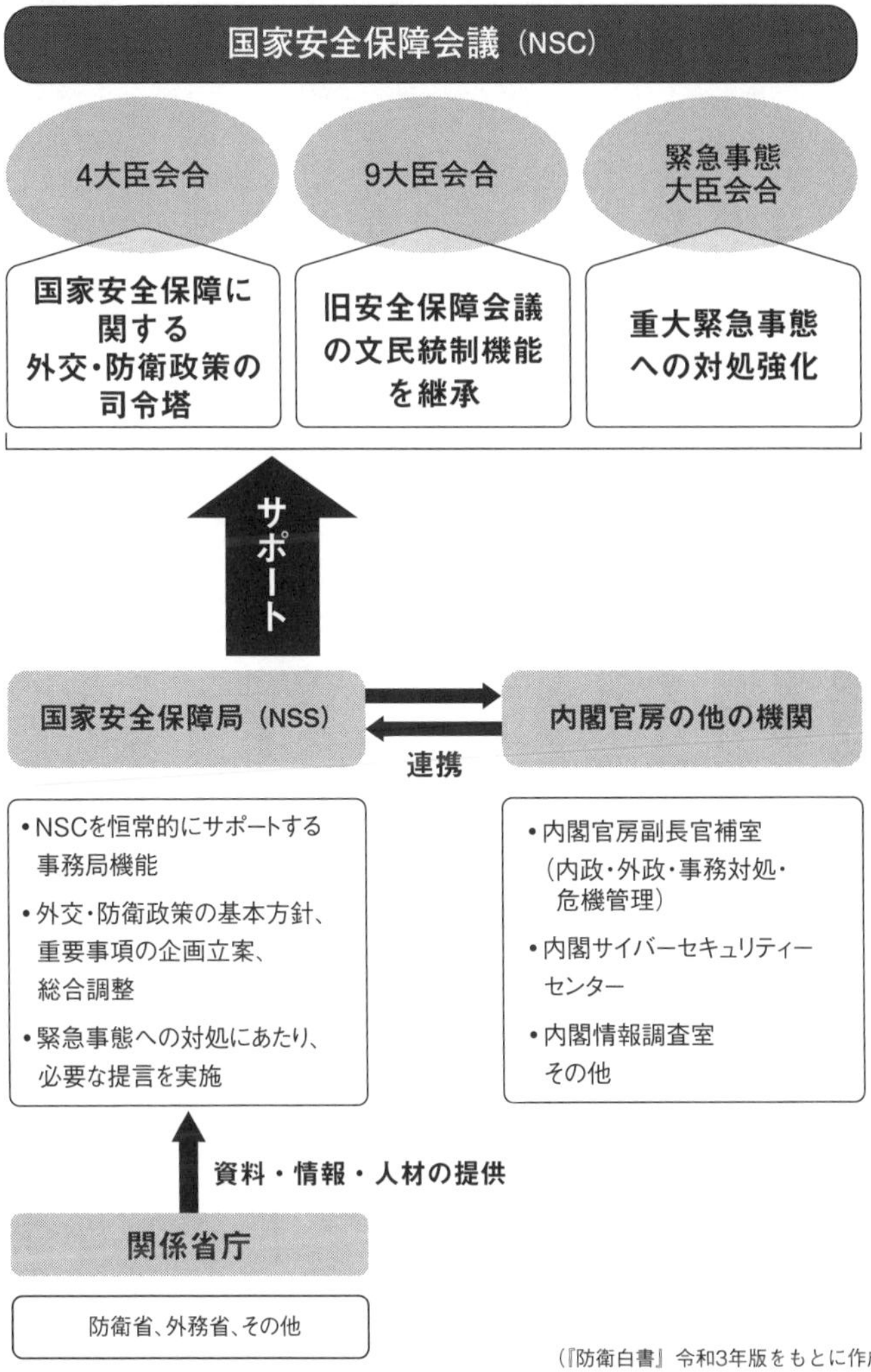

（『防衛白書』令和3年版をもとに作成）

この国はとにかく現場が強い。現場の責任感が強く能力も高い。貰っている給料の5倍も働いて、徹夜して頑張る。だから、上の人は「任せるぞ」と言ってしまうことが多い。しかし有事の際にはそういうわけにはいかない。最高指導者が「想定外」を連発することは許されない。最高指導者の首相が全てを総覧して、大局的、戦略的判断を求められる。私は第1次安倍政権のときから、NSCは不可欠の組織だとずっと思っていた。

政治主導の行方

NSCの事務局になるのが国家安全保障局（NSS）である。2014年1月に立ち上げた。これにより防衛官僚のみならず自衛隊の制服組と外務官僚との接点が増え、風通しが本当に良くなった。判断も速くなった。NSSには自衛隊から13名が来ている。自衛官のトップは上から3番目のポストの内閣官房審議官である。防衛省や外務省からも多くの人間が参画している。そうすると、縦割りや秘密がなくなり、NSSでは隠し事がないという話になる。そうなると外務省と防衛省の本省間の関係も急激に良くなる。実際にそうなったと思う。

戦前の帝国政府には国家安全保障局がなかった。重臣がいきなり集まって議論していた。第1次近衛文麿内閣、東條英機内閣で蔵相を務めた賀屋興宣氏は、重臣会議とは言うが、専門家でもない素人たちが集まって「ああでもない、こうでもない」と言っていたにすぎないと述懐している。

先にも述べたが、日本の組織は伝統的に現場が強く、中枢が空洞化する。帝国政府も同様だった。民主主義の確立した今、日本政府がそうなることは許されない。政治主導とは、民から選ばれた「普通の人」が指導者となって官僚、軍人を手足のように使いこなしてこそ、政治主導なのである。

一連の政治主導や官邸強化の結果、喩えて言えば、「各省主権国家体制」から、現在は「内閣ホールディングス体制」に変わってきている。かつては霞が関の事実上の最高意思決定機関のように言われた次官会議も、現在は、首相官邸に集う子会社の社長会議のようになった感がある。

民主党解党後、野党が弱くなり、安倍政権が長期政権化したことも大きい。今後もNSCが機能するかどうかは、やはり政権が長期に安定するかどうかにかかってくる。首相は3、4年やらなければ、役人は言うことを聞かない。就任した瞬間は前政権の予算をやっているし、自分が編成した予算が執行されるのは3年目となる。

2度目の登板となった第2次安倍政権は首相官邸の使い方を熟知していた。麻生副総理も、かつて首相官邸の主だった。当時の菅義偉官房長官もかつての梶山静六、野中広務官房長官のように強力だった。首相秘書官、官房長官秘書官も首相官邸が2回目の人が多かった。だから、いきなりギアをトップに入れることができた。あのスピード感があったから、官邸の立ち上がりが速かった。

今、NSCの組織は整ったし、誰が後を継いでも大丈夫だと思う。ただし、車と一緒で、よく整備されたポルシェだったとしても、結局はドライバー次第である。

「世代交代」で世論は変わる

21世紀に入ってからは、安全保障に関する議論の自由度が増している。冷戦終了以前からスターリンや毛沢東の悪行は世界の知るところとなり、共産主義社会のひどい実態が明るみになっていた。しかし、日本では国会でも論壇でも、未だに冷戦期を引きずった化石のような議論に出くわすことがある。冷戦が終わって30年経った今も、冷戦時代さながらの「イデオロギー過剰型の激突劇場」が国会や政治メディアにおいて、折に触れ、機械仕掛けのように動き出す。第2次安倍政権下での平和安全法制や特定秘密法制の国会審議のときがそうだった。

結局、これはアイデンティティ論争だと思う。世代によって、考え方が固定化されてしまっている。

私はよく日本を4世代の一族に喩える。初代のひいお爺ちゃんは、立派な帝国軍人だった。2代目のお爺ちゃんは、弁護士になって労働組合に入り左翼の活動家になった。ひいお爺ちゃんとお爺ちゃんは、ものすごく仲が悪い。互いの人生を互いに完全否定している。

3代目は我々ポスト冷戦組。もの心がつくころには高度経済成長中で、社会に出てしばらくして冷戦が終わった。長髪、ベルボトムの流行ったベタベタのアメリカン・リベラルで、個人主義がとても強く、ロシア革命を礼賛する左翼の全体主義的なイデオロギーには拒否感がある。4代目はミレニアル世代。彼らはオープンだし、日本経済の長期凋落、ツケを回されることになる天文学的な財政赤字、中国の軍事的・経済的台頭を目の当たりにして、とても現実主義な世代である。

ミレニアル世代の方向性がこの国のアイデンティティを決めることになるのだと思う。日本という国は未だに戦後の分裂を引きずっていて、アイデンティティが固まっていない。ミレニアルの4代目は、「この家を継ぐのは大変だ」と感じていると思う。

2代目の左翼の人たちの問題は、日本しか批判しないことだった。世界史の中で日本が客観的にどう評価されるべきかという視点がない。戦後、日本の戦争遂行能力を根こそぎ潰そうとした連合国の占領政策方針がベースだから、非武装の理想に忠実で、また、戦勝国が戦後暫く実践していた植民地主義も人種差別も批判できなかった。東側陣営に軸足を置いた人は、共産党独裁や弾圧も批判できなかった。先行する世代の日本人だけを一方的に批判していた。冷戦が終わる頃から、「あまりに自虐的だ」と批判され始めたが、最近は「反日的だ」とさえ言われるようになった。

日本のメディアも、購読者を囲い込んで、その傾向に合わせて記事を書くから、世論も分極化する。最近は、ネットニュースの利用が広がっており、ＡＩのお好み記事自動選択機能によって、世論の分極化がますます進んでいる。しかも、シニア層の読者が多い紙媒体のメディアは、新しいデジタル世代の読者を取り込めず、生き残るために古い世代に記事を合わせて書くから、余計に論調が硬くなる。

なんとかそういう状況を少しずつ変えられないかと思うが、心配しなくても自然に世代は変わっていくだろう。10年も経てば、日本は確実にガラリと変わると思う。

中国は西側を凌駕できない

これからの日本が歩むべき道、めざすべき国際秩序が、徐々に形を取りつつある。星座と同じで、国と国との関係は不変に見えるが、日々刻々と変化している。10年も経てば、力関係もガラリと変わるはずだ。

残念ながら、日本はかつてのイギリスやフランスと同じようにピーク・アウトすることになる。今、勢いのある中国もどこかの時点でインドに追い越される形でピーク・アウトするだろう。

それまでは、中国はアジアで覇権国家のように振る舞うだろうから、周辺国にとっては厄介な存在であり続ける。この間をどうやって安定的に過ごすのか。それが日本の大戦略になる。先ほどの「自由で開かれたインド太平洋戦略」（ＦＯＩＰ）は、まさにこの新しい国際秩序を念頭に置いた構想である。

ＦＯＩＰの最大のポイントは、中国の経済規模は「日米欧」の西側全体には追いつけないということだ。さらにインドがやがて超大国として西側に与するようになる。しかも米国は簡単にピーク・アウトしない。今でも年間１００万人の移民が入っていて、未開発の広大な国土の開発が続いている。米国社会には長い歴史的伝統がないから、科学技術によって社会が激変することがあっても、すぐにそれを受け入れることができる。

中国はアジアの覇権国家にはなることができても、西側全体とインドを凌駕する地球的規模の覇権国にはならないだろう。私は日米同盟の軍事力、経済力、政治力をベースに西側を糾合し、インドを引き込めば、アジアの平和と安定は維持できると思う。中国は孫子の国なので、虚を突くのが得意だ。しかし、日本やロシアのような武門の国ではないので、きちんと構えている相手に無謀に斬りかかることはしないだろう。

注目すべきは、危機後の世界経済をどこが牽引することになるか、ということだ。外国資本の投資先はこれから「中国＋α」になるのだろう。投資はまずベトナムなどに戻り、それからバングラデシュ、インドなどの西アジアに向かうと思う。インドはやがて人口で13億人の中国を抜こうとしている。それにインド国民は若い。中国の平均年齢39歳に対して、インドは29歳だ、明らかに今世紀中葉の主役はインドだと思う。これに比べて日本は平均年齢が49歳だ。もはや初老の紳士である。インドの次はアフリカで、アフリカ大陸の平均年齢は19歳だ。今世紀の後半にはアフリカにも資本が流れ始めて、工業化が始まるだろう。

あと100年はかかると思うが、200年前に英国で始まった産業革命が、地球的規模に広がって世界中の国が工業化を達成する時代がやって来る。大きく見れば、今の世界は未だその途中にいるだけなのである。

中国経済は「新常態」に入ってから6・5％成長などと言っているが、これは嘘だろう。実質的には4％あるかどうかだ。それでもまだ毎年1200万人の子どもが生まれている。ちなみに日本は95万人である。その子どもたちに仕事を与えるためにも、中国は経済成長を重視しなくてはならない。中国では、経済の調子が悪いときのほうが、国際派が発言できる。調子がいいと、逆にごりごりの左派（共産党保守派）の愛国主義が強く出て、習近平主席のように対外的に強硬な姿勢を打ち出そうとする。

西側糾合は日本の仕事だ

いくら中国にお金があっても、棍棒で周辺国を小突き回したり、独裁的なやり方を押し付けようとしたら、どこの国でも拒否する。アジアには80年代後半になるまで、本当の意味での自由圏はなかったが、その後、次々と民主化を達成した国々は、自分たちの民主主義をとても誇りに思っている。中国の指導下で独裁に戻ろうなどと考えるはずがない。

中国は今、香港で「自由の圧殺」と批判を浴びているが、習近平からすればなぜ反発するのかと怪訝《けげん》に思っているだろう。個人の尊厳と良心を共同体秩序の根源的な正統性原理に据える自由主義を理解しない彼からすれば、アヘン戦争で奪われた島を取り返して何が悪いのだ、と本気で考えているに違いないからだ。

前章で述べた通り、中国は、鄧小平の時代に、改革開放で共産主義思想が立ち枯れるのを覚悟して、愛国主義と経済成長を共産党の正統性の根拠に据えた。盧溝橋記念館や南京記念館が建つのは、鄧小平以降だった。日本だけが悪者にされているわけではない。アヘン戦争の記念館や、アロー号事件の記念館もちゃんとある。しかし、歴史教育や愛国教育も、やりすぎると毒になる。習近平は、欧米に留学していないせいもあると思うが、考え方があまりに狭隘（きょうあい）で、まるで毛沢東の再来を見るようだ。残念ながら、しばらく中国は悪いほうに進むだろう。

トランプ前大統領は、西側に対峙し始めた中国を激しく叩いた。米中のデカップリングが叫ばれ始めた。バイデン政権となってからも、最先端技術競争で中国を引き離そうとしている。その戦略自体は間違っていないと思うが、トランプ前大統領のように同盟国との調整がなければ、上手くいかない。逆に、中国の対外強硬派がますます猛り狂って団結しかねない。バイデン大統領の西側糾合のリーダーシップに期待したい。

今日の中国外交は、自由主義的な外交思想とは無縁のものだ。中国がいずれ「日本や米国のようになる」と考えるのは、片思いにすぎなかった。今も中国は19世紀的な弱肉強食的な思想から抜け切れておらず、自由主義的な思想に共感などはない。この中国と対峙するために、西側を糾合する必要がある。それは米国だけの仕事ではない。アジアで150年間、工業化、国民国家化、そして民主化の苦労を先駆けて行い、自由主義社会を支えるアジアの柱となった日本の仕事である。

戦後、そして冷戦中の日本は、自らが存立していく国際秩序を自分の力で構想しようという気構えを失っていた。冷戦が終わって30年以上が経つ。今こそ、現実主義に立った国家戦略の立案が求められる。

第5章

対中戦略をどう描くか

1 自由主義の団結

「関与政策は失敗した」

2020年7月23日、ロサンゼルス郊外のニクソン大統領顕彰館で、ポンペオ国務長官が対中政策の舵を大きく切り直すと発表した。ポンペオ国務長官は「これまでの関与政策は失敗した」と述べて、世界中の同盟国、同志国が、自由主義を守るために結束するべきだと訴えた。

今から約半世紀前、ニクソン大統領の米中国交正常化と歩調を合わせて、田中角栄首相が中国と国交正常化を果たした。多くの日本人が、心から中国との友好と善隣を望んだ。満州事変、日中戦争という大きな禍《わざわい》をもたらした過去の歴史を償うのだと考えた日本人も多かった。1989年、天安門広場で、自由を叫んだ学生たちが人民解放軍に虐殺され、民主化への扉が固く閉ざされた後も、鄧小平は、著名となった「南巡講話」で、中国経済の改革開放を訴え続けた。「中国は、いつか私たちのようになる」という希望が膨れ上がった。

日中国交正常化当時、中国は病み、傷んでいた。鄧小平の悲願は毛沢東の残した負の遺産を清算し、中国を近代化の軌道に乗せることだった。鄧小平は「韜光養晦《とうこうようかい》」を唱え、米国の猜疑心と敵意が、ソ連崩壊、東欧共産圏崩壊の後に生き残った中国共産党に向くことを慎重に避けながら、腰を低くして雌伏の時を稼いだ。

天安門事件の後、孤立した中国を西側に引き戻そうと一番努力したのは日本だった。日本は、西側へ、自由貿易体制へと、懸命に中国の手を引いた。数兆円の経済支援も惜しまなかった。中国の経済発展が軌道に乗ると、米国の企業も、欧州企業も、そして日本企業も、中国農民工の優秀さと廉価さに目を奪われ、大挙して中国市場になだれ込んだ。習近平の最近の大手ネット企業の締めつけはその動きを加速するだろう。

しかし、今世紀に入り、中国の国力が日本に追いつき始めたころから、中国の対日態度が急変する。特に、小泉純一郎政権への江沢民主席の風当たりは強かった。胡錦濤主席、温家宝首相の時代には、時殷弘氏、馬立誠氏などの論客が対日関係改善のための論陣を張ったが、愛国教育の浸透した中国世論に袋叩きに遭った。一衣帯水の日本は、すでに北京で何か大きな戦略的な方向転換が起きつつあることを、肌で感じ取っていた。

２０１２年秋、中国は、米国の同盟国である日本とフィリピンに対して実力行使に出た。尖閣諸島の領海及び接続水域で巡視船による恒常的な主権侵犯に出たのである。最初、野田佳彦民主党政権の魚釣島等の買い取りへの腹いせと思われたが、実はそれは、南沙諸島、西沙諸島、フィリピンのスカボロー礁における行動と同様、東シナ海、南シナ海全域での実力による拡張主義及び現状変更政策の一環であり、グレーゾーンにおける事実上の侵略であった。

21世紀の枠組みを決める戦略

米国は20世紀に二度の世界大戦で決定的な役割を果たし、戦後、国際連合、自由貿易体制を立ち上げて、自由主義を国際秩序の基盤に敷いた国である。米国は中国がパックス・アメリカーナを脅かす存在となるとは思わなかった。中国も米国の耳元で「米国との軍事的衝突の意図はない」と常に囁《ささや》いていた。ごく最近まで、米国は自らの誠意と善意が中国を変えると信じてきた。また、20世紀末まで前近代的であった人民解放軍が米軍に挑戦するとは考えられなかった。何よりも1990年代から軌道に乗った中国の経済成長が巨額の利益を米国にもたらしていた。

米国が中国の戦略的方向性を疑い始めたのは、ほんの数年前からのことである。ポンペオ演説は、日本から見れば、日本に10年遅れて、漸《よう》く米国の戦略眼が開眼したということである。米国は、自らの価値観に愚直なほど誠実である。共産中国と世界を分割するというような古い帝国主義型の欧州権力政治は通用しない。これまでペンタゴンの奥深くの執務室で、万巻の蔵書に埋もれるようにして警鐘を鳴らし続けたアンドリュー・マーシャル・ネットアセスメント部長ら、ごく少数の天才戦略家だけに限られていた対中警戒感が、米国政治の表面に踊り出てきた。

対中戦略は、対北朝鮮戦略や対イラン戦略とは次元が違う。軍事、政治、経済の全ての側面にわたり、21世紀の国際政治の骨組みを決める大戦略である。

米企業も中国でかつてほどは利益が上がらなくなり始めている。むしろ、中国は、技術を盗み、技術をまねて、廉価な製品をコピー製造して米国市場、世界市場を席巻し始めた。米国で親中政策の最大の支援者だったウォール街、シリコンバレーの米企業の多くは、成長を続ける中国市場にとどまりながらも、静かに中国離れを起こし始めている。習近平の最近の中国大手ネット企業の締めつけはその動きを加速するだろう。

現在、米国の対世界貿易赤字の5割は中国との赤字である。かつて90年代、日本は米国の貿易赤字の6割を占めたが、日本はプラザ合意で円を劇的に切り上げて、米国市場への集中豪雨的輸出を止め、代わりに対米直接投資によって米国で大量の雇用を生むようになった。それで日米貿易摩擦は終わった。日本が自由主義国家だからできた話である。

中国は、共産党が政府、軍、民間企業を全て統括する独裁国家である。中国の「民間」

企業が、直接投資という形で米国へと大規模に出ていくという選択肢はない。未だに1200万人近い赤ちゃんが生まれてくる中国にその余裕はないし、また、技術流出に敏感になった米国はもはや、米国の先端企業を買収しようとする中国の直接投資は受け付けないからである。米中貿易戦争に出口はない。

中露は自由圏の歴史を共有しない

第2次世界大戦で日本、ドイツ、イタリアという枢軸国を粉砕した「反ファシスト民主勢力」とは、所詮《しょせん》、米国という新興超大国と、イギリス、フランスという古い植民地帝国、中国、ソ連という全体主義国家の寄せ集めであった。

戦後、直ちに西側と冷戦に入ったロシアと中国は、未だに19世紀および20世紀前半の「弱肉強食」の世界観から抜け出せていない。西側は20世紀後半、制度的人種差別を止め、植民地独立と民族自決を認め、地球的規模で自由主義的国際秩序の構築に向けて歩み始めた。ドイツも日本も西側の一員として復権した。ロシアと中国は、この自由圏の歴史を共有しない。両国とも、共産主義国家として生き残りを図るために必死だった。ジャングルの掟《おきて》が支配する19世紀の権力政治だけが彼らにとっての国際政治のルールだった。

ソ連のゴルバチョフ共産党書記長は、冷戦の最後に対西側親和路線に舵を切り、ソ連を崩壊させた。逆に、冷戦後期に米国の傍らでソ連と対峙した中国は、今やソ連に成り代わり、最後の共産主義国家として米国と覇権を争おうとしている。中国は、自らが最も大きく裨益《ひえき》してきた西側自由圏と決別し、対決しようとしているのである。

何故そうなるのか。中国は急には変われないからである。日本が、自由や平等や法の支配といった普遍的な価値観を、自家薬籠中《じかやくろうちゅう》の物とするまで100年以上かかった。人間は幸せになるために生まれてきたのであり、他人を幸せにする優しさも持ち合わせている。自己実現こそが真の自由の意味であり、政治権力とは人々のより良い暮らしを守る道具にすぎない。この当たり前のことが、今、ほとんどの日本人の胸にすとんと落ちる。それが本当の自由主義国家であり民主主義国家である。

中国は本来、孟子の国である。民を幸せにできない王は、天命を失って匹夫《ひっぷ》に戻り、革命と誅殺《ちゅうさつ》の対象となる。孟子の王道思想は、西欧のルソーやモンテスキューが考え出した啓蒙思想より2000年以上も古い。民こそが貴いのであって、社稷《しゃしょく》（国家）はこれに次ぎ、君をもって軽しとなすというのが孟子の教えである。

しかし、中国共産党は現代自由主義思想に連なる孟子の王道思想を捨てて、ヨーロッパ生まれの独裁思想であるマルクス・レーニン主義を選んだ。中国は修正主義国家ではない。はじめから自由主義とは縁のない政治体制だったのである。格差の上に胡坐《あぐら》をかき、腐敗に染まった指導者は匹夫に戻る。その怖さは、巨額の資産を蓄えながら、内ゲバのような権力闘争に明け暮れる中国共産党幹部が一番良く知っているはずである。

近代化の過程に入って半世紀強の中国は、未だに民族国家化、工業国家化の過程にあり、その抱える問題は昭和初期の日本と似ている。日本が「大日本帝国」という近代国家を急激につくり上げたように、中国も近代的な民族国家、産業国家をつくり上げようとしている。13億人の漢民族はもとより、1億人を数える少数民族にも「共産主義的中国人」というアイデンティティを与え、朝貢国を含む広大な清国版図を基礎に近代的な「中国国家」を人工的につくり出し、中国共産党が築き上げた「中華人民共和国建国の歴史」を飾り立てようとしている。

残念なことに、民主主義的な政治プロセスを持たない中国共産党が、近代中国のアイデンティティの核に据えたのは、「屈辱の歴史を撥《は》ね返した共産党の栄光」という神話であり、そこから狭隘《きょうあい》な愛国主義だけではなく、危険な復讐主義が芽を吹いているのである。

太平洋同盟網の強化を

米国は今、矢継ぎ早に厳しい対中措置を打ち出し始めているが、今後、少なくとも向こう20、30年を睨《にら》んだ西側全体を包摂《ほうせつ》する対中大戦略が問われる。70年以上前、ジョージ・

ケナン国務省企画部長が『フォーリン・アフェアーズ』誌に発表した「X論文」で構想したような大戦略が必要になる。しかも、一度、自由圏に深入りした中国は、自由圏と断絶していたソ連とは異なる。それは冷戦でも熱戦でもない、協力と対峙がまだら模様となった長い、長い競争への備えに他ならない。無用な外交的挑発は有益ではない。軍事、政治、経済に亘り中国と静かに対峙した上で、冷静に利害を調整する戦略が要る。

その実現には西側の団結と忍耐と努力が必要である。西側は団結すれば、中国を関与できる。米国の総合国力、特に軍事力は未だに中国に対して優位であり、西側の経済力は未だに世界経済の半分程度の大きさがある。日本は日米同盟を基軸として、米国の太平洋同盟網を強化し、友邦・同志国を増やし、アジアの戦略的均衡を維持していかねばならない。また、将来の超大国インド、オーストラリア、そして東南アジアの国々を取りまとめねばならない。さらに、ロシアにしか目が向かない欧州諸国に中国、特に台湾問題に関心を持たせねばならない。

しかし、コアとなる2国間同盟を中心とした米国の太平洋同盟網は、北大西洋条約機構（NATO）に比べてはるかに脆弱《ぜいじゃく》である。しかも軍事的に頼りになるのは、日米同盟、米豪同盟だけであるが、豪州軍は遠く南半球にあり、軍のサイズが小さい。隣の文在寅政権下の韓国は、巨大な韓国軍を抱え、その防衛費は日本の防衛費（5兆円）に匹敵する勢いであるが、戦略的方向性が著しく混乱している。結局、安全保障上は、日米同盟だけがアジア太平洋の自由主義的国際秩序を支えるたった1本の脊椎《せきつい》なのである。

日本はまた、米国の抜けた「環太平洋パートナーシップに関する包括的及び先進的な協定」（CPTPP）を蘇生させ、巨大な太平洋自由貿易圏をつくり出した。北京コンセンサスではない国際水準の自由貿易圏である。さらにアジアの国々は、20世紀の後半に自立と成長を実現し、多くの国が開発独裁を捨てて民主主義を選んだ。今、歴史上、初めてアジアに自由主義的な国際秩序が立ち上がろうとしている。そこで日本が打ち出した「自由で開かれたインド太平洋構想」は、米国の大戦略となった。

しかし、その肉付けはまだまだこれからである。米国はインドに関心を向け始めたが、東南アジアに対する関心は決して強くない。第2次オバマ政権から見られた東南アジア軽視の傾向はトランプ政権になって極まった感がある。最近バイデン政権のハリス副大統領が東南アジアを歴訪して話題になったが、そもそも副大統領東南アジア訪問自体初めてなのである。日本は米国に代わって東南アジアの真空を外交努力で埋めてきた。しかしそれは、たった10年前に始まった第2次安倍晋三政権以降の話である。日本の努力がこのまま真剣に継続されなければ、アジアに自由な未来はない。日本の責任は重い。

中国を外から変えることは不可能である。「インターネットが開く自由な情報空間が独裁国家を内側から変える」という幻想も消えた。逆に、電子情報技術は、中国政府による14億人の中国人の監視と洗脳を可能とした。

それでも日米同盟を中心に、アジアの自由主義的国際秩序を支える国々が団結している限り、この戦いは我々の勝利で終わる。何故なら、人間の尊厳の絶対的平等に目覚めたアジアの人々が、中国共産党の独裁政治を受け入れることはないからである。我々は決して共産化しない。しかし、中国はいつの日か民主化するかもしれないからである。

日本は太平洋戦争という大きな失敗を犯したが、明治以来、肌の色、人種、民族に関係のない、自由で平等な国際秩序をアジアに求めてきた。人種差別に怒ったのは日独伊枢軸国の中で日本だけである。日本は枢軸国の中で特異な地位を占める。

不運にも東條英機内閣の外相を担当した外務省主流の英米派である重光葵が、大東亜会議で訴えようとしたのは、大西洋憲章の自由や人権という理想は、アジアの植民地住民には適用がないではないかという、既存の国際秩序の不義であり、白人と有色人種を差別する二重基準であった。大東亜会議は戦争宣伝として連合国によって歴史の溝に切り捨てられた。しかし、日本が求めてきた全ての個人の尊厳が肌の色、性別、門地、宗教に関係なく認められる自由で平等な国際秩序が、ようやくアジアに花開こうとしている。今世紀、リーダーシップを取ってアジアの自由と繁栄を支えていくことは、日本の世界史的な使命である。

2 日本はリーダーシップを取れ

分断に苦しむ米国

バイデン大統領によって、米国はトランプ大統領流の「アメリカ第一主義」ではなく、同盟国ネットワークを重視する伝統的な米国外交のスタイルに回帰している。

バイデン大統領は、トランプ大統領が呼び起こしたトランピアンの米国社会分断に苦しむかも知れない。トランピアンは、強烈な反エリート主義で、自らの生活を第一に考える大衆である。バイデン大統領は、その強力な内向きの圧力に直面せざるをえない。グローバリゼーションの結果、製造業が国外に流出した米国では、富は金が金を呼ぶ投資家か、一部のネット企業の富豪に集中している。

19世紀に工業化が進んだ先進国では、都市労働者の悲惨さが社会主義、共産主義を生んだ。民主主義国家では、やがて製造業発展の果実が労働組合や議会政治によって大衆に均《きん》霑《てん》された。しかし、昨今の株価上昇、ネットベンチャーの利益は大衆には均霑されない。富は富を持つ者に固定される。19世紀に世界を揺さぶった社会格差の問題が、21世紀に新しい形で再び現れつつある。取り残された人々の生活第一主義が、トランピアンの正体であろう。彼らは民主党左派のイデオロギーには共鳴しない。普通の保守的で愛国主義的な人々である。それは必ずしも社会下層の白人とは限らない。中間層の人々も多いし、また、保守的なラテン系カトリックの米国人にも広がりがある。

米国政治に強い内向き圧力が働き続ける中で、バイデン政権下の米国が、孤立主義に走らず、インド太平洋地域にコミットを続けることは、日本にとって死活的な利益である。これからは日本外交の総力を挙げた力量が試される。

米国の政治制度の中でホワイトハウスの力は傑出している。ホワイトハウスの頂点を押さえた安倍・トランプ関係は、米国の同盟国の中でも出色の影響力を日本外交に与えた。ホワイトハウスと国務省、国防総省が断絶気味だったにもかかわらず、日本が米国外交に大きな影響力を行使できたのは、親密な安倍・トランプ関係があったからである。それは、中曽根・レーガン時代、小泉・ブッシュ時代さえも凌駕した。

しかし、その時代は終わった。バイデン政権では、国家安全保障会議（NSC）、国務省、国防総省が各々《おのおの》、本来の力を取り戻し、平常通りの政策調整が再開される。バイデン・チームは、ブリンケン国務長官らバイデン大統領子飼いの能吏だけではなく、数多くの民主党系の有識者を政権に取り込んでいる。厳しい対中姿勢は今後も続くであろう。

拡張主義は近代化の麻疹

21世紀前半の最大の課題は、中国の台頭にどう向き合うかである。中国の台頭はあまりに速く、誰も気づかないうちに天を衝く高さにまで成長した。

中国の台頭は歴史の必然である。19世紀のイギリスでの産業革命後、僅《わず》か一握りの国々だけが工業化に先んじ、圧倒的な国力を手にした。19世紀後半、欧米では混乱した帝政ロシアを除き、自由主義思想が横溢《おういつ》し、議会制民主主義が準備されていった。しかし、アジアには産業革命以前に、欧州諸国がカリブ海や南北新大陸で実現した帝国主義、植民地主義がそのまま持ち込まれた。工業化した国々の圧倒的な国力で植民地支配を押し付けられたのである。そしてアジアは人為的に分割された。

アジア人には、同じ人間としての尊厳は認められなかった。たかが200年、工業化に先んじただけで人類には遺伝子的に優劣があるというような荒唐無稽《こうとうむけい》な人種差別論（社会的ダーウィニズム）がもてはやされた。19世紀中葉、インドは大英帝国の一部となり、中国は欧米日の先行工業国家に蹂躙された。

しかし20世紀の後半、ほとんどのアジアの国が独立を果たした後、多くの国が工業化を実現した。韓国、台湾、シンガポール、香港が「アジアの四虎」と言われて飛び出した。フィリピン、インドネシア、タイ、マレーシアといった東南アジア諸国連合（ASEAN）海浜部の国々が続いた。そして中国が離陸し、インドがその後を追おうとしている。勤勉で負けず嫌いの国は須《すべか》らく工業化するのである。マルクスやウェーバーの予想を裏切って、アジアは離陸した。

工業化した国は国民国家化する。巨大な近代的共同体が立ち上がり、「国民」が誕生し、そしていつか必ず民主化する。国家に自らのアイデンティティを重ね合わせる近代的な「国民」は、やがて国家は自らの生存と、より良い生活のための道具であることに気付くからである。

それを最も早く証明したのは日本であった。日本だけが19世紀の時点で、アジアにも工業化は可能であり、国民国家の形成も可能であり、議会の開設も選挙も可能であることを見せつけた。そして、今日の日本国民は「人間は幸福になるために生まれてきたのであり、政府はそのための道具にすぎない」と心の底から信じている。

しかし、残念なことに統帥権独立をかさに着た昭和軍部の暴走で、満州事変、日中戦争、太平洋戦争を経て、大日本帝国は一旦、敗戦国の汚名の下に沈んだ。日本の名声は地に堕ちた。工業化の過程では、国力の急激な伸長に伴い、拡張主義的なナショナリズムが噴出する。それは古来の愛国主義とは異なる近代化初期の麻疹《はしか》のような現象である。

また、工業化の初期には、社会の中で富が偏在し、下層に固定された人々から分断と破壊の衝動が出る。社会を一撃でつくり替えようという欲求が出る。全体主義である。

この2つの近代国家初期の過ちもまた、日本が犯した過ちでもある。近代化が工業化、国民国家化、民主主義化へ向かうプロセスだとすれば、その完遂《かんすい》には優に100年かかる。その過程で大きな過ちを犯すことはあり得る。中国も例外ではない。

反応した「自由の帝国」

中国は特に19世紀以来、ずっと諸外国の工業化の後塵《こうじん》を拝し、20世紀前半まで帝国主義が猖獗《しょうけつ》を極めた時代に欧米日露に侵された。それがようやく巨竜となって天に翔《か》けるときが来た。そういう気持ちが噴き出してきた。中国人の中で何かが弾け、中国人の多くが屈辱の19世紀に「押し付けられた」世界秩序を、自分たちの力でつくり替える時代が来たと錯覚し始めたのである。

特に習近平世代は、人間の尊厳の絶対的平等を根底原理とする自由主義的秩序が、20世紀の100年を通じて弱肉強食の帝国主義時代を終わらせ、人種差別の時代を終わらせたという世界史の展開に対する共感がない。そこにあるのは力が絶対であった19世紀的な強国思想だけである。

さらに問題なのは、１９９０年代以降の中国が、共産党独裁の正統性根拠として歴史問題と愛国主義を持ち出して、国民教育を通じて刷り込みを始めたことである。

今の中国人にとって、香港問題は人権と民主主義の問題ではない。二度にわたるアヘン戦争で奪われ植民地にされた領土を取り返すという話でしかない。２０２０年には「一国二制度」が否定されて香港国家安全維持法が施行され、香港は治安維持法下の日本のようになってしまった。

米国はその巨体ゆえに、中国の戦略的方向転換に鈍感であったが、ようやく大国間競争の時代が幕を開けていることに気がついた。トランプ政権に入って以降、対中姿勢は大きく変わった。自由主義経済の恩恵を最大限に受けている中国が、膨大な国家予算を投じて西側の技術を習得し、軍民融合政策を通じて、党と産官学が一体となって人民解放軍の増強につなげていく中国の姿が、自由主義社会とは相入れない異形の国に見え始めた。

自ら「自由の家」に招き入れた中国が、独裁国家として主のように振る舞い始めることに、自由の帝国である米国の原理主義的な部分が反応し始めたのである。米国国内で親中派の牙城《がじょう》であったビジネス界も大きく方向転換した。現在、米国の中で中国を代弁する勢力は明らかな少数派である。

中国の進路を変えることは可能だ

ポンペオ元国務長官は2020年7月、「関与政策は失敗であった」と明言したが、果たしてそうだろうか。

確かに、米国が中国を教導すれば中国が民主化するという単純な思い込みは、当てが外れたであろう。中国はしたたかである。そんな生易しい国ではない。しかし同時にポンペオ長官は中国国民の覚醒に期待をかけ、西側の結束を訴えた。それこそが本当の関与政策ではないだろうか。

近代化は一日ではできない。工業化から民主化まで100年はかかる。その途中で、独裁化が進むと民主化への道は紆余曲折《うよきょくせつ》する。また、周辺諸国よりも圧倒的な軍事力を保持すると、拡張主義的な冒険が始まることがある。

中国の進路を変えることはできるだろうか。唯一の答えは、西側が団結すれば可能だということである。関与とは、弱者の一方的な懇願ではない。強者の一方的な教導でもない。力の安定の上に立って利益を調整し、武力衝突を避け、いずれの政治体制がより強い生命力を持つかを見せつけ合うことである。そして西側は必ず勝利する。それも歴史の必然である。

中国経済は、「新常態」下でも成長が止まらない。しかし、都市化の完遂、人口の減少、労賃の上昇、富の偏在、国有企業の非効率と地方の債務増大、独裁体制下の汚職、先鋭化する少数民族問題といった諸問題は、中国の弱点のままである。すでに12年より中国の人口は減少に転じている。早晩、インドの人口が中国を上回るであろう。日米欧印の経済規模は、優に世界経済の5割を超える。中国には価値観を同じくする同盟国もいない。中国は地域覇権国のレベルに止まり、中国が地球的規模の覇権国になることはない。それは西側が団結すれば、中国を関与することは可能であるということを意味する。

関与戦略の基本は、戦略的安定の実現である。先ず日米同盟がくる。日米同盟がしっかりしている限り、中国が冒険主義に出ることは難しい。NATOも欧州連合（EU）も存在しないインド太平洋地域において、日米同盟が唯一頼りにできるのは米豪同盟だけである。しかし将来の超大国インドがいる。ヒトラーと戦うためにスターリンと手を握り、ソ連と対峙するために毛沢東を抱きしめた米国であるが、実はあまり米国らしくない没価値的な外交であった。自由の帝国である米国は、中国との連携で、本来非同盟のインドをソ連に押しやった。インドは聖者ガンジーのつくった国である。米国の公民権運動にキング牧師を通じて強い影響力のあったガンジーの国である。本来ならば米印の連携こそが、自由主義的国際秩序の柱としてはふさわしい。

人々を幸福にする秩序

ここからクワッド（日米豪印4大国連携）の発想が出てくる。クワッドは、太平洋地域に広大な海洋権益をもつ英仏両国や、EUの中で傑出した経済力を持つドイツとの連携が欠かせない。

ASEAN各国は、ベトナム戦争に巻き込まれたカンボジアが亡国の憂き目に遭うところを目の当たりにしており、大国間の対立に巻き込まれたくないという気持ちが強い。しかし、自由で開かれたインド太平洋構想の「王冠の宝玉」と呼ぶべきは、ASEANが域内で主導する自由主義的な多国間外交である。

彼らの国益は多様である。中国に近接し、西沙諸島を奪われたベトナムや、スカボロー礁を奪われているフィリピンの対中警戒感は強い。マレーシアもナジブ首相の失脚以来、警戒感が出てきた。しかし、最大の大国であるインドネシアは南半球にあり、軍政による弾圧で再び西側から孤立したミャンマーは山岳地帯の少数民族問題への中国の関与を恐れている。小国であるラオス、カンボジア、ブルネイへの中国の影響は強い。それでも、彼らは皆、国力の増大する中国に飲み込まれて、朝貢国のようにはなりたくないという気持ちを共有している。フィリピンやインドネシアのような海洋国家は日本同様、中国の朝貢国家となった歴史を持たず、中国より日本のほうに親近感がある。

自由で開かれたインド太平洋構想は大戦略であり、戦略的安定だけの次元だけには止まらない。自由貿易、市場経済統合、インフラ整備による連結性向上という経済的な繁栄の実現もまた、その目的の1つである。米国不在のままCPTPPをまとめ上げ、また、日EU経済連携協定によって高度なメガ自由貿易圏を創出した日本は、同じく米国不在の「地域的な包括的経済連携協定」(RCEP)をも高い次元の自由貿易ルールを掲げて主導するべきである。ASEAN各国は、繁栄を求めている。自由で開かれたインド太平洋構想は、経済的繁栄をもたらすものでなくてはならない。

このような大戦略は、自由主義的秩序が、共産党一党独裁体制よりも、より人々を幸福にできるという確信を、西側全体で、また他のアジアの国々と分かち合ってこそ成立する。アジアで唯一150年前に近代化に踏み出した日本は、そのリーダーシップを取る責任がある。

残念ながら、日本のメディアの一部には、55年体制の古いイデオロギー的断層が活断層として残っている。冷戦崩壊後、東側陣営に軸足を置いた人々は価値観のロスジェネ(失われた世代)となった。戦略観のない反米自立の主張が未だに顔を出す。不思議なことに自立を唱えながら軍備を縮小せよという論理が未だに罷《まか》り通る。戦略的立ち位置を考えない日米中二等辺三角形論や、戦前以上に空疎なアジア主義、自由で開かれたインド太平洋構想を反中宣伝だと決めつける論調も絶えない。

しかし、すでに冷戦が終わって30年である。世代も交代している。冷戦も共産主義も知らない日本人が、厳しい令和の国際環境の中で、誇りをもってこの国の運営に参画してきている。新しい日本の大戦略が求められているのである。日本外交は、この対中関与大戦略を引き下げて正面から向かい合うべきである。

3 「自由で開かれたインド太平洋構想」を進めよ

日本が描いた戦略ビジョン

２０２１年6月にイギリスで開かれたコーンウェルサミットで、Ｇ７首脳が関心を払ったのは、コロナウイルス、気候変動と並んで自由主義世界の擁護であった。首脳宣言に先立って、バイデン米大統領とジョンソン英首相は、「新大西洋宣言」を発表した。

しかし今、世界の中心は大西洋ではなく、私たちの太平洋に移りつつある。21世紀にはアジアが台頭していく。アジアの人口は世界の6割だが、2030年までには経済規模でも世界の6割を占め、世界経済の中心にアジアがくる。また、同じ年までに、中国が世界随一の経済大国になると言われている。

中国はやがて経済規模で米国を抜くが、世界を制する覇権国になることはない。日本も未だ米国の4分の1の経済規模がある。中国が日米を経済規模で抜くのはまだまだ先である。そしてイギリスやEU諸国、インド、オーストラリアを合わせれば、世界経済の半分になる。今、世界経済の16％を占める中国は、どんなに頑張っても世界経済の半分の規模になることはない。すでに都市化と、労賃の上昇と、人口の減少が始まっている。日本がそうであったように、中国もまた、今世紀中葉に向かうにつれて、国力がピーク・アウトしていく。

西側が団結すれば、中国の関与は可能だ。西側の諸大国が大同団結すれば、中国が道を踏み外さないように、関与していくことは可能である。しかし、もし逆に西側がバラバラになれば、米国以外の国で、もはや中国と対等に話せる国はない。アジアの国はほとんどが中国の影響力下に、次々と屈服していくことになってしまう。

西側が大同団結するうえで、安倍首相が主張した、自由で開かれたインド太平洋構想は、とても大切な戦略ビジョンとなる。これにトランプ大統領がすぐに飛びついた。バイデン大統領もそれを踏襲している。ハワイの太平洋軍はインド太平洋軍と名前を変えた。ASEANもイギリスもフランスもドイツも、皆、日本のこの構想に倣《なら》った戦略文書を発表した。「自由で開かれたインド太平洋」構想は、瞬く間に世界中で広く受け入れられた。日本が描いたこの戦略ビジョン（自由で開かれたインド太平洋戦略＝FOIP）が、世界史に大きな刻印を残すのは、これが初めてのことである。なぜそうなったかというと、FOIPは21世紀に起きようとしている戦略的な地殻変動を見事に言い当てたものだったからだ。

変化する大国間関係

世界の大国間関係は一見、不動のように見える。しかし、10年単位で刻んでみれば、その形が大きく変わっていくことが分かる。地球的規模の国際関係を一軒の家に喩えれば、大国間関係はその梁《はり》のようなものだ。何本かの大きな梁に小さな梁が組み合わさって、地球社会、人類社会という家を支えている。この大きな梁の構造が実は、刻々と変わっている。大国の栄枯盛衰は人間の人生に似て、そのときは気づかないが、振り返ればあっという間の出来事だ。

たった3四半世紀前の第2次世界大戦では、現状打破を目指した日本、ドイツ、イタリアを、米国、イギリス、フランス、ロシア、中国が打ち負かした。その後、直ちに冷戦が始まって、今度は米国、イギリス、フランスに敗戦国の日本、ドイツ、イタリアが加わって自由主義圏となり、ロシアや中国を中心とする共産圏と対峙した。

核兵器の登場で第3次世界大戦こそ起きなかったが、長い冷戦の時代が始まった。当初、一枚岩のように見えた共産圏だったが、実はスターリンには上目遣いだった毛沢東は、エゴの激しい人間で、新しいソ連の指導者であるフルシチョフと険悪になり、ブレジネフ時代にはシベリアのダマンスキー島で軍事衝突を引き起こしている。

毛沢東は、大躍進運動の失敗で数千万人ともいわれる餓死者を出し、自らを追い落とそうとする勢力を駆逐するために文化大革命に突っ込んだ。毛沢東はソ連との衝突で切羽詰まったはずだった。

そこで中国は日本、そして米国との国交正常化に活路を見出そうとして、一気呵成に動き出した。こうして１９７０年代、中国が西側に立ち位置を移し、デタントと呼ばれた短い緊張緩和の時代が到来した。

その後、79年にソ連がアフガニスタンに侵攻して、レーガン米大統領の下で厳しい新冷戦時代が始まった。91年、ゴルバチョフという開明的な指導者の下で、厳しい独裁体制と計画経済の失敗によって疲弊《ひへい》しきったソビエト連邦が自滅した。

この間、ガンジーが非暴力運動で独立を勝ち取ったインドの立ち位置はといえば、実はデタント時代以来、ロシア側についていた。中国は50年代にインドに攻め込み、しかも遠交近攻策を取ってパキスタンと親密になったので、中印関係は最悪となった。デタント時代の米中接近は、その副産物として、非同盟のインドをロシア側に押しやってしまったのだ。

実は、キッシンジャー博士の演出したデタントとは、共産主義の中国と自由主義の米国が手を組み、共産主義のロシアと民主主義のインドが手を組むというねじれた構図だった。今、米中の大国間競争が始まり、民主主義の米国と日本と豪州が同じ民主主義のインドと手を握り、かつて同じ共産圏にいたロシアと中国が再び接近するという大きな戦略的構造の変化が起きている。

インドは次の20年のうちには必ず日本を抜いて、世界第3位の経済大国になるが、すでに日本のほうを向いている。安倍首相が第1次政権でインドを訪問し、国会での演説で「インド洋と太平洋という2つの海を結び合わせよう」と呼びかけたとき、インド国会の熱狂は凄まじいものだった。みんな、足を踏み鳴らし、机をバンバン叩いて興奮していた。私もそこにいたが、インドもまた自由主義圏に入りたかったのだと思う。

クワッド・プラス・アルファへ

安倍首相は、第1次政権当時から、日米豪印の戦略枠組みを提唱してきた。そこで生まれたのがクワッドである。このクワッドの枠組みも、安倍首相が、第1次政権時に打ち出した構想だ。クワッドは、戦略的にはとても大切な枠組みである。

米国は、欧州正面では、核兵器を持ったイギリスとフランス、精強な陸軍を持つドイツ、ポーランドとトルコ、大西洋海軍を持つスペイン、地中海海軍を持つイタリアと手を組んで、強力なNATOをつくっている。ほぼ全欧州の国々が参加している。NATOではよく「ワン・フォー・オール・オール・フォー・ワン」と言うが、日本語では「死ぬも一緒、生きるも一緒」という意味だ。ソ連の主導するワルシャワ条約機構の強大な赤軍を相手にして、NATOは強大な軍事組織になった。

米国の太平洋同盟網はと言うと、日本、韓国、フィリピン、タイ、豪州の5カ国しかない。米国の太平洋同盟網は、よく「ハブ・アンド・スポークス」と呼ばれる。米国をハブとして、車輪の軸（スポーク）のように同盟網が張り巡らされているからだ。しかし、その実態はバラバラの2国間同盟の集まりで、地域安全保障機構ではない。共通の脅威認識もない。だからこそ常日頃から、力のある国が手を携えねばならない。それがクワッドなのである。本当は、韓国も入れるとよいのだが、残念ながら左派色の強い韓国の国内政治がそれを許しそうにない。今、価値観を同じくするイギリスや、フランスなどがインド太平洋地域に関心を示してくれており、「クワッド・プラス・アルファ」として拡大しつつある。

私たちが、このようなクワッドを構想するのは、残念ながら、冷戦後期、日本や西側と共にあった中国が、今、自由主義圏から身をそらして、かつて共産圏のドンだったソビエト連邦の後釜に座り、アジアに独自の勢力圏を拡張しようとしているからだ。今世紀に入り、国力の伸長した中国は、力を背景にした一方的な拡張主義に転じている。

尖閣にも連日中国公船が押しかけて来るようになった。日本は海上保安庁が海の盾となって、厳しい条件の中で、一歩も引かない尖閣専従体制をつくって頑張っている。自衛隊も人民解放軍の動きをにらみながら、静かに構えている。米国も日米安保条約第5条の日米共同防衛条項発動を明言している。尖閣情勢はすでに力押しの時代に入った。

中国の夜郎自大とも言うべき過剰な自信と野心はどこからくるのだろうか。それは2008年のリーマンショックからだ。中国は、リーマンショックの後、G20をリードして世界経済を牽引した。急激に勃興する中国では、強いナショナリズムが全土を覆っている。

しかし、日本の国民が昭和から平成、令和を通じて民主主義国家として成熟してきたように、中国の人もまた自分と家族の幸福を第一に考える人が徐々に増えるだろう。かつて、宋教仁も孫文も胡耀邦も、いつか中国の民主化がくると考えていた。しかし、今の中国社会は、厳しい言論統制と電子監視社会の中で窒息している。中国の民主化はまだ遠い将来の夢である。

いつの日か中国が変わるまで、西側は結束して、中国に対して、自由主義と民主主義が人類の本来あるべき姿だということを唱え続けていく必要がある。現在、アジアの多くの国々が、そう思い始めている。

自由主義、民主主義は米国独立戦争やフランス革命の後、19世紀に欧米に広がり始めた政治制度だが、１９８０年代後半から、ようやくアジアでも根を下ろし始めた。

私たち日本人は、同じアジアの人たちが通ってきた茨《いばら》の道を知らなくてはいけない。日本、タイ、トルコ以外のほとんどの国は列強により植民地に貶《おとし》められ、人間としての尊厳を奪われた。人種差別を受け、鞭《むち》で叩かれて農場や鉱山で働き、戦後、自らの力で独立を取り返した後も、半世紀近く独裁に苦しんだ。

その後、急速な発展を遂げたアジアの国々は一つずつ民主化へと舵を切っていった。86年にはマルコス独裁政権が倒れ、フィリピンがスペインからの独立戦争の際に掲げた民主主義を取り戻した。88年は韓国で全斗煥政権が倒れて、民主主義が復活した。それから次々と、海浜部のＡＳＥＡＮ諸国が民主化し、李登輝総統の下で台湾も民主化を達成した。

自由と民主主義は普遍的価値

新しい民主主義を掲げた人たちは、強い民主化に誇りをもって自由主義的な国際秩序に参画し、自由社会を欧米からアジアへと広げようとしている。自由と平等が、決して白人のキリスト教文明の価値観ではなく、普遍的な価値観であることを証明しようとしている。

明治の日本は、ちょうどヨーロッパで自由主義、民主主義、議会政治が広まった19世紀後半に開国した。日本の帝国議会の開設は１８９０年である。ロシアのドゥーマと呼ばれる議会開設は１９０６年なので、ロシアより16年早い。20世紀に入ると、世界には共産主義やナチズムのような全体主義思想が流行した。日本でも政治化した青年将校による政治家殺害や満州事変以降のような軍部暴走があった。しかし、日本はなんとか民主主義と議会政治の伝統を守り抜いた。

21世紀の日本は、新しく自由主義圏に誇り高く参入しようとしているアジアの国々に、私たちの輝かしい、しかし同時に、辛く苦しかった１５０年の近代化の経験を伝える責任がある。それは日本にしかできないことだ。

私たちがアジアの友人に伝えるべきメッセージは、自由主義も民主主義も法の支配も、アジアに古くからある考え方と同じだということだ。つまり、自由と民主主義が、本当の意味で普遍的であるということである。

人は皆、幸せになるために生まれてくる。一人では弱い人間はそのために社会をつくり、権力を立てる。しかし権力は人々を守るための道具に過ぎない。社会を率いる強い者は、弱い者を守らなくてはいけない。

その考え方の中心には、日本人が「温かい心」と呼ぶ優しさがある。それは、儒教では「仁」、仏教では「慈悲」だ。キリスト教では「愛」だ。「温かい心」はアジアの人々が長い間、大切にしてきた道徳感情であり、肌の色は関係がない。性も宗教も門地も政治信条も関係がない。仏の前で、あるいは神の前で、一人ひとりの尊厳は絶対に平等だという考え方は、植民地支配や人種差別に苦しんだアジア人にはむしろ分かり易い。

2300年前に生まれた孟子は、「民をもって貴しとなす」と言った。残虐な王は卑しい人間であり、誅殺してもよいと教えた。松下村塾で孟子を講義した吉田松陰は、「天は目を持たず、耳を持たず、人々の目を通じて見、耳を通じて聞く。従って天意とは民意のことである」と教えた。残虐な王には仏罰が下るというのは、東大寺を建てた聖武天皇が広めた金光明経に書いてある。

確かに、議会政治や選挙制度、権力を縛る制度は、近代欧州のつくった人類の遺産であり、明治以降に日本が輸入したものだ。しかしそのバックボーンとなっている啓蒙思想は、欧州では江戸時代にようやく広まり始めた思想である。その本質は、聖徳太子が一生懸命に勉強していた儒教経典に出てくる王道政治や、仏典にある護国の教えと変わるところはない。

アジアの人たちは今、伝統的な価値観と西洋から渡ってきた自由主義、民主主義の制度が相入れるものなのか、悩み始めている。日本が自由で開かれたインド太平洋でリーダーシップを取るとき、戦略的安定の確保や、市場経済統合の推進という日本外交の柱の他に、もう1つの外交の柱がある。それは自由という価値観が、私たちアジア人が古くから大切にしてきた価値観と同じ普遍性を持っていることを、150年の日本近代化の歴史の経験として、伝え広めていくことだと思う。

加えてもう1つ重要な点が、アジアの市場経済の統合だ。アベノミクスと並ぶ安倍首相の経済面での業績は、CPTPPの締結だった。安倍政権成立直前は、国内で激しい環太平洋パートナーシップ協定（TPP）反対運動が盛り上がっていた。米国もTPP交渉から離脱した。トランプ大統領の「アメリカ・ファースト」で、グローバルに自由主義経済が傷み始めていた。そこで安倍首相が米国の抜けた後、強いリーダーシップでTPPをまとめ上げた。

その後、日EU経済連携協定（EPA）も締結された。日本が地球的規模でメガ貿易圏を創り出したのは、これが初めてだった。

85年のプラザ合意の後、急激な円高のために、日本の製造業はみな海外に流出した。日本は自分でも気がつかないうちに、押しも押されもせぬ大投資国家に変貌《へんぼう》している。日本のサプライチェーンは地球的規模で延び切った。安い物を日本で沢山つくって集中豪雨のように先進国に売りさばく時代は終わった。ファーストリテイリングのように、世界中でつくって世界中で売る。それが成功している日本企業の姿である。日本経済にとっても、ハイレベルな自由貿易圏の創出と維持が命綱となっている。

アジア経済はこれからさらに成長する。米国のTPP復帰はまだまだ難しいと思うが、イギリスが関心を示している。台湾も関心を示している。RCEPという巨大な自由貿易圏も立ち上がった。RCEPは中国が圧倒的に大きな存在だが、TPPのハイレベルなスタンダードを模範にしてほしいと思う。

（自由民主党「自由で開かれたインド太平洋推進議連」創立記念講演＝2021年6月15日＝より）

第6章

新たな核戦略の議論を

1 危機に瀕した核抑止

日本だけが置いていかれる

日本では、長い間、核兵器の議論は政治的なタブーであった。広島、長崎という人類史に残る惨禍を体験した日本としては、核兵器の悲惨さを訴え、核兵器廃絶の祈りを世界に届けることが使命であると多くの日本人が考えてきた。その選択は正しい。日本は、佐藤栄作首相が沖縄復帰に際して米軍基地からの戦術核兵器撤収を要求し、非核三原則を掲げてノーベル平和賞を受賞した。

しかし、同じ時期、冷戦真っ最中であった米国、イギリス、フランス、ドイツ、ロシアなどの国々は、厳しい軍事的対峙が続く欧州大陸を中心として、核兵器登場後の安全保障をどう確保するか、核兵器をどのようにして管理していくか、同時に、核兵器の拡散をどうやって防ぐかという現実主義的な議論を戦わせていた。特に米国、ロシア、イギリス、フランスという核兵器国に囲まれ、同じドイツ民族同士で冷戦の先兵として銃を向け合った西ドイツの核の安全保障に対する感覚は、異様なまでに研ぎ澄まされた。それは、やがて北大西洋条約機構（NATO）における米国の核兵器の共同管理（核シェアリング）に結びついて行く。

今や日本も、現実主義な観点に立って核戦略を勘案し、自らの安全を保障するために核戦略を立てる時期に来ている。それは決して実現可能性のない独自核の保有ではない。それは日米同盟における核の傘の信頼性向上という文脈の中で論じられなくてはならない。

今日、北東アジアで、冷戦期の欧州を凌ぐ軍事的対峙が始まろうとしている。しかし、北東アジアには、核武装したイギリスやフランスのような同盟国はいない。ドイツやトルコのような巨大な陸軍国もいない。

そうした中で、ロシアは核兵器を実戦用に小型化し、「核の先制攻撃があり得る」と公言している。中国も、米国とロシアが中距離核全廃条約（INF）に手を縛られている間に、台湾、日本、グアムを射程に入れる中距離核ミサイルの増強に余念がなかった。北朝鮮もついに日本を射程に収めた核兵器と中距離弾道ミサイルを保有した。核兵器を持たない台湾と韓国でさえ、射程500キロを超える中距離弾道・巡航ミサイルを保有している。

ただ日本だけは「専守防衛」ということで、ミサイル防衛の整備に徹し、中距離ミサイルを保持しなかった。北東アジアの全ての国が弾道・巡航ミサイルの開発配備にひた走る中で、まさに剣道の乱捕り稽古に、真剣白刃取りで臨むようなものだ。

抑止の失敗は許されない

ミサイル防衛は高価なシステムである。数千万円するかどうか分からない北朝鮮のミサイルを撃ち落とすイージス艦発射の迎撃用ミサイルは最新型で1発約数十億円する。米軍のトマホーク巡航ミサイルでさえ1発2億円程度である。ただでさえ厳しい防衛予算でミサイル防衛だけに特化するのは合理的ではない。コスパ（cost performance）が悪すぎるのである。

また、ミサイル防衛は完全ではない。北朝鮮の恫喝には対応できても、中国やロシアのミサイル飽和攻撃にはとても対応できない。残念ながら、未だに日本の議論は初期冷戦に行われた1956年の国会論戦の時点で時計が止まっている。

当時、自衛隊には何の攻撃能力もないにもかかわらず、「日本は敵の核ミサイルを先制攻撃してよいのか」という議論が姦《かしま》しかった。机上の空論であった。しかし、最近のミサイルは北朝鮮のものでさえ、TELと呼ばれるトラックに載せられて深夜の森の中を走り回る。事前の探知などできはしない。先制攻撃などできはしないのである。

今、議論すべきは、「撃たれたら撃ち返す」という意思を示して、相手をどう抑止するかという抑止力強化の議論である。もとよりそれは個別的自衛権の枠内の議論である。

核の報復については、米国の核の傘に依存するしかない。日本が核不拡散条約批准に応じたのは、米国が核の傘の提供を保証したからである。

だが、通常弾頭のミサイルについては日本も自力で努力すべきだ。すでに航空自衛隊は離島防衛のために射程1000キロの巡航ミサイルの取得を認められている。しかし、それは敵の着上陸侵攻阻止の為である。日本の国土に上陸した敵にしか撃ち込めないこととなっている。それはあまりにも馬鹿げていないか。それで国民が守れるのか。敵に撃つのを止めろと言うには、「撃ったら撃ち返すぞ」と言う覚悟がいる。平和は懇願するものではない。守るものだ。

日本の最高指導者は、ドイツの指導者と異なり、核抑止力の問題を米国大統領と正面から話したことがない。世論の反発を恐れて逃げ回ってきたからである。しかし、この劣悪な地政学的条件の下で、日米同盟の通常戦力だけで有事を抑止できるのか。ここに及んで日米最高首脳レベルにおいて、北東アジアの戦略環境に即したシナリオベースの核抑止の議論をしなければ、日本の指導者に対する後世の歴史家の評価は、非常に厳しいものになるのではないだろうか。

日本も、冷戦期のドイツのように核戦略に覚醒するべき時代を迎えている。米国は核の傘の提供と引き換えにドイツの非核を要請した。ドイツは呻吟《しんぎん》し抜いた。ソ連は米国、イギリス、フランスには核を使わない。撃ったら撃ち返されるからである。ソ連が核を使うとすれば、核兵器を持たないドイツしかない。冷戦期、ドイツは強大な赤軍に直面する前線国家だった。だからドイツは米国にむしゃぶりつくようにして核のシェアリングを実現したのである。

日本もドイツに習う時が来ている。そうすることによって、米中露北の核の谷間にある日本の安全保障のあるべき姿が、また、遠くに見える核廃絶の理想のために克服するべき困難もはっきりと見える。

第2項で紹介するヘーゲル元米国防長官らの報告書（「核拡散防止と核の保証」）は、核不拡散体制の強化のためにこそ、米国の同盟国に対する拡大核抑止の強靭化を図らねばならないと訴えた現実主義、穏健派の核戦略家による真摯な提言である。特に、欧州とは全く条件の異なるアジアにおいて、（1）紛争の具体的シナリオにおける核の配備運用計画について、日豪韓の首脳レベルで協議しシミュレーションせよ、さらには、（2）米軍の核のシェアリングを考えよという提案は、NATO型の核管理を、NATOよりも遥かに脆弱な米太平洋同盟網に導入しようという大胆な提案である。それは同時に、日豪韓などの同盟国の安全が米国にとって真に死活的利益であり、また、同盟国と米国の間に最高度の信頼関係が存在することの証明でもある。

米国は、半世紀前に核不拡散（NPT）体制を立ち上げるに際して、自らの同盟国に核の選択肢を封じた。同時に、自らの核の傘をさしかけてその安全を保障した。米国はその責任を感じている。真摯な戦略家ほど、その責任感は強烈である。この報告書は、米国の同盟国に対する責任感から出たものである。多くの日本人に読んでほしい。

米国が露わにした焦燥感

2021年2月5日、延長された新戦略兵器削減条約（START）が効力を発生した。時を置かずして、ヘーゲル元米国防長官、リフキンド元英外務・国防相、ラッド元豪首相が共同議長を務めるタスクフォースが、世界の有識者を集めて発表したのが、「核拡散防止と核の保証」という報告書である。米紙ニューヨーク・タイムズにアーランガー記者の長文の記事が載ったので、ご存じの方も多いであろう。

この報告書は、米国のダルダー元駐NATO大使が世話役となって取りまとめたもので、筆者も、共同執筆陣の末席を汚すことになった。

このグループは、「ニュークリア・ゼロ」を主張した米国のオバマ元大統領を支える急進的な反核グループではなく、穏健で良識的な核専門家が、現実主義的な立場に立って核不拡散のための提言を取りまとめたものである。そこで示された北東アジアにおける核をめぐる安全保障環境の著しい劣化、垂直・水平両面での核拡散とNPT体制の揺らぎ、そして米国の核の保証に対する同盟国の疑念に関する冷徹な認識は、核の傘をさしかけられている日本としても真剣に受け止める必要がある。

タスクフォースは、日米同盟はもとより、NATO、米韓同盟、米豪同盟に対して、核の傘の信頼性の問題を再度正面から取り上げ、通常兵力をも含めた拡大抑止体制を強靭なものとすることを求めている。なぜなら、米国の良心的な戦略家にとって、日本やオーストラリアや韓国やドイツが非核兵器国であるのは、米国が核の安全を保証してきたからに他ならないからである。同盟国にとって核不拡散の代償は、米国による確実な核の保証である。少なくとも誠実な米国人はそう考える。繰り返すが、彼らの核の保証に対する責任感は強烈である。

タスクフォースは、日本に関して、日米同盟を基礎として日米両国が共に米国の核兵器を配備、管理しても良いという大胆な提案を打ち出した。世に言う「ダブル・キー」である。米国と同盟国の双方が同意しなければ使えない戦術核だから、そう呼ばれる。彼らはまごうことなくNATO型の核シェアリングを、日本を始めとする太平洋の同盟国に提案しているのである。

米国からこのような提案が出てくることは初めてではない。1990年代に北朝鮮が核兵器製造に突き進んだとき、当時のペリー米国防長官はそのような考えを公言していたし、最近では、米国のローレス元国防副次官が同様の趣旨を述べている。日本の安全に強い責任感を持っているからこその焦燥と提言である。

日本は、この提言にどう応えるべきか。残念ながら、ドイツ政府と異なり、日本政府には核戦略がない。先に述べた通り、核の配備運用に関する米国との首脳協議もやったことがない。長い日米同盟の歴史の中で、中距離核の全廃に大きな役割を果たした中曽根康弘首相以外、日本の首脳が米国の核の傘の信頼性について質したことはただの一度もないのである。

核戦略は最高次元の軍事戦略であり、首脳間で話さなければ意味はない。しかし、歴代の首脳は、核戦略という生殺与奪の権を米国に委《ゆだ》ねきって平然としていた。日本とは対照的に、米国に大量の戦術核兵器を領土内に持ち込まれ、イギリスとフランスの核武装を横目で見て、東西ドイツだけが核の戦場になるかもしれないと焦ったドイツ歴代首脳は、力の限り米国政府の核戦略に絡んでいった。それがNATOによる核シェアリングを生んだのである。

広島、長崎の被爆経験は、日本人に強い核アレルギーを植え付けた。核廃絶は「ヒバクシャ」の悲願である。その経験は極限に辛く、その理想は尊い。日本にはその理想を率先して引っ張っていく国際的義務がある。

しかし同時に、中露北朝鮮という核兵器国に囲まれ、日本が世界で最も危険な核の谷間の住人であることも、また厳然たる事実である。彼らは一様に自由主義的な国際秩序の一員となることを拒否し、自らの国家体制の生存や、19世紀的な意味での勢力圏確保に必死である。この周囲の核兵器国に対して、核を使わせないように、あるいは核で恫喝されないようにするには、理想だけでは足りない。核武装した中露北朝鮮に対して平和を懇願するだけでは日本を守れない。日本の安全を全うするには核戦略がいる。

日本は自らの核戦略を考えるときが来ている。短絡的な日本独自核の構想には実現可能性がない。日米同盟全体の信頼性、抑止力向上の中にしか答えはない。その現実的な選択肢の1つが、ドイツが戦後実現したＮＡＴＯ型の核シェアリングなのである。

今、日本に突き付けられているのは、長い核の思考停止の闇を抜けた戦略的な覚醒であり、自分の運命を自分で決めていく覚悟である。小論では、そのような切り口で、日本関連部分を中心にヘーゲル元米国防長官等の提言を真摯に検討してみたい。

ロシアの小型核が意味するもの

繰り返すが、日本が所在する北東アジアは今、世界で最も危険な核の谷間にある。

まず核大国のロシアがいる。ロシアは、米国や中国の2倍に匹敵する広大な領土を抱え、しかも気候変動のあおりで北極海の氷が解け始め、北極海沿岸の防衛も考えねばならない。経済は低調である。電子産業に乗り遅れたため経済規模は韓国と並んでしまった。人口は1億3000万人で日本と変わらない。コロナ禍と脱炭素の流れは、ロシアの国家収入の大半を占める石油やガスの価格を低迷させる。ロシアは第2次世界大戦後、10世紀のキエフ公国建国以来最大の領土を手に入れた。しかし、人の住まない広大で凍り付いた領土は、今のロシアの両肩に重すぎる防衛義務となってのしかかる。

ロシアの出した結論は核兵器の小型化、実用化と、先制核攻撃是認による抑止力強化である。小型戦術核の使用によって核の階段のエスカレーションを阻むとしている。

しかし、ロシア以外の国からは、通常兵力で広大な自国領土を守り切れなくなったロシアが、核戦争の敷居を思い切り下げることによって、それ以上の核兵器の使用を抑止するといっているように聞こえる。実際、武門の国であるロシアは、ロシアの死活的利益が侵害されると考えれば、人口希薄な極東シベリアやオホーツク海、日本海において、小型戦術核の使用をためらわないであろう。しかし、自分が核を初めに使えば、相手がひるんで核を使わなくなるという考えはとても危険な考え方である。

米国は、戦略原子力潜水艦への小型海洋核配備をもって対抗し始めた。筆者の知り合いの米戦略軍幹部は、「核兵器の小型化、実戦使用は本来、相互核抑止戦略が求める戦略的安定を揺るがすことになり決して好ましくない。しかし、切羽詰まったロシアが小型核に進む以上は、米国としても対抗しなければならなくなる」と、苦々しそうに述べていた。

実際、ロシアが小型核をアジアや欧州で実戦使用したり、あるいは、それをもって米国の同盟国に対する恫喝に転じた場合、米国がロシア本土攻撃用の大陸間弾道ミサイル（ＩＣＢＭ）や潜水艦発射弾道ミサイル（ＳＬＢＭ）しか持っていなければ、米国の同盟国は米国の反撃の意思を疑うであろう。日本海において舞鶴の護衛艦隊がロシアの戦術核で撃滅されたとき、米国が戦略核搭載のトライデントでウラジオストクに報復するとは考えにくい。米国が戦術レベルの核兵器で対抗手段を持っていなければ、米国の同盟国は猜疑《さいぎ》心《しん》に駆られてデカップリング（米国離れ）を起こすかもしれない。米国にとって小型海洋核配備は苦渋の選択だったはずである。

ロシアはまた、アヴァンガルド、キンジャール、イスカンデルなどの極超音速（マッハ5以上）の飛翔体やミサイル開発に余念がない。これらの兵器は複雑な軌道を飛び、現在のミサイル防衛システムでは防御が難しい。米国はミサイル防衛体制強化のための宇宙衛星センサー配備の見直しなどにも動き始めている。

止まらない北朝鮮の核開発

次に北朝鮮である。北朝鮮は戦後、一貫して求め続けてきた核兵器をついに手にした。台湾も韓国も米国の強い圧力の下で核兵器を持つことができなかった。クリントン米政権下で、北朝鮮との核協議が成立し、原子力の平和利用を認める代わりに核開発を断念するという朝鮮半島エネルギー開発機構（ＫＥＤＯ）の合意が結ばれたが、北朝鮮は核開発を諦めきれなかった。隠密裏の核開発の動きをつかんだブッシュ（43代大統領）政権の下で、ＫＥＤＯプロジェクトは廃棄され、それ以降、北朝鮮は厳しい国連制裁にあえぐことになった。

北朝鮮は冷戦中、中ソ両国の間を二股外交でうまく立ち回ってきたが、ソ連崩壊後は中国の衛星国化した。北朝鮮にとって中国は決して愛すべき国ではないが、背に腹は代えられない。その中国は、国連常任理事国、ＮＰＴ体制下の正当な核兵器国として核不拡散の義務を負う。しかし、中国は北朝鮮が90年代に数百万の死者を出したと言われる大飢饉の絶望的な状況にあるときでさえ、核兵器開発を断念させることができなかった。いや、しなかったのかもしれない。

日本や米国が北朝鮮に述べてきたことは、冷戦直後の対東欧政策と同じメッセージである。「核兵器を放棄しさえすれば、そして拉致被害者を返還しさえすれば、東欧諸国のように西側に迎えよう。最大限の経済的支援をしよう。そうしてあなた方はいつの日か民主化する。そうでなくても中国やベトナムのように経済発展の道を歩むことができるのだ」というものであった。

それは中国の地政学的な利益を否定する。中国は神経を逆なでされたように感じたであろう。そもそも楽浪郡等を置いて朝鮮半島を最初に支配したのは漢王朝である。7世紀の新羅による朝鮮半島統一以来、朝鮮半島は一貫して中国の朝貢国であり、朝鮮王は常に紫禁城の高官であった。7世紀には唐軍が白村江で天智天皇軍を撃退し、16世紀末には明軍が太閤秀吉軍の朝鮮出兵を撃退した。13世紀の元寇では、高麗の忠烈王が元のクビライの率いる蒙古軍の日本侵略に馳《は》せ参じている。

朝鮮半島は中国に近すぎる。北京直近の渤海湾の入口にあるからである。19世紀、アロー号事件の後、英仏軍が渤海湾の天津から北京を侵略した。日清戦争では日本陸軍が直隷平野を侵す勢いで進軍してきた。日清戦争の後、渤海湾の東を囲む遼東半島は常に日露角逐《かくちく》の場であり、西を囲む山東半島はドイツが青島に、イギリスが威海衛に居座った。日露戦争後、日韓併合で日本軍が朝鮮半島を北上して駐屯し、関東軍がロシアに代わって遼東半島に駐屯した。この頃の恐怖を中国が忘れているはずがない。中国は思ったより狭い。

その朝鮮半島の北半分を毛沢東は朝鮮戦争参戦という大きな対価を払って中国の影響下に取り返した。中国が北朝鮮をおいそれと西側に渡すはずはない。核を完全に放棄させれば、中国の独占的な影響力の下にあることを嫌う北朝鮮が、開発資金欲しさに西側に漂い流れていくという懸念が常に中国にはあったであろう。二股外交は、軍事力の小さかった朝鮮民族が最も得意とする外交である。実際、中国は冷戦中、中ソの間を泳ぎ回る北朝鮮を苦々しく見ていたはずである。また、北朝鮮にしてみれば、核兵器は米韓同盟に対する究極の抑止力であるだけでなく、将来、北朝鮮が不安定化したときの中国による介入と傀儡政権樹立を防ぐ担保でもあったはずである。北朝鮮の核をめぐる中朝の奇妙な利害の一致がここにある。

今、北朝鮮は潜水艦搭載の第二撃能力を確保して米国と相互核抑止に入ろうと懸命である。核爆弾の破壊力は大きい。衛星を使った精密な誘導などなくても、核爆弾を遠くに飛ばすだけでよいのであれば、技術的にさほど難しい話ではない。コロナ禍や経済疲弊で北朝鮮人民は塗炭《とたん》の苦しみであるが、北朝鮮の核開発が止まる気配はない。

2019年、北朝鮮の発射したミサイル（KN-23）が、ロシアの極超音速短距離ミサイル「イスカンデル」に似ていると話題になった。北朝鮮も日本のミサイル防衛網突破の技術を獲得しつつある。それは中国、ロシアとは比較にならないほど国力の小さな北朝鮮が、確実に首都東京を破壊し、数百万人の日本人を20分足らずで殺戮《さつりく》できる力を持つということを意味する。中国やロシアのような大国がおいそれと核を使うことはない。大国は永遠だからである。核のコストは高すぎる。北朝鮮はそうではない。いつか消え去るレニニズム型独裁の最貧国である。北朝鮮の最高の国益は金王朝の体制護持である。遠くない将来、疲弊しきった北朝鮮が倒れるとき、混乱の中で死活的利益を脅かされると認識した彼らが、核を使わないという保証はない。

中国の核兵器増強の狙い

そして、最大の課題は中国である。ロシアと北朝鮮は衰退国家である。アジアで拡張主義に転じて他国に戦争をしかける力はない。しかし、中国は昇竜の勢いである。太平洋戦争時、日本の工業力は米国の10分の1、ナチス・ドイツが3分の1と言われていた。ところが中国の経済規模が米国を抜くのは、もはや時間の問題である。

ロシアという国の重心は欧州にある。人口のほとんどがウラル山脈以西にいる。ソ連時代、ロシアはミルフィーユのように小国の重なり合った東欧正面とNATO最大の陸軍国家であるトルコが固める黒海正面に全神経を集中していた。ロシアから見れば、極東は欧露部への戦略的縦深を確保するための巨大な甲羅に過ぎない。しかも北極海越しには米国の無数の核兵器がロシアに照準を合わせていた。この厳しい軍事的対決の下で、米ソ両国は相互抑止と安定を求め、最低限の透明性を確保して信頼関係を築き、核軍備管理の枠組みを築き上げてきた。それは欧州正面にテーラーメイドされた枠組みであった。

中国という国の重心はアジアにある。中国という巨竜の尾は短い。欧州の主要国には中国の軍事的脅威は見えない。イギリス植民地だった香港の弾圧には反応しても、日本植民地だった台湾の危機についてはピンとこない。核兵器を比較的早期に開発したとはいえ、90年代までの中国は貧しく弱かった。フルシチョフとの覇権争いに入った毛沢東は、ブレジネフ時代に入り、ウスリー川のダマンスキー島でソ連軍と軍事衝突した後、西側に転がり込んだ。中国は敵から味方に変わった。

その後の中国の経済発展で、日米欧の企業がこぞって中国の廉価で優秀な労働力を求めてサプライチェーンを中国国内に延ばし切った。前世紀末までに中国との軍事的衝突というシナリオは、主要国国防省のファイルから消えた。中国を拡大核抑止戦略の中でどう位置付けるかという論点も同時に蒸発したのである。

ところが今、中国は消滅したはずの共産圏の王となり、ソ連に代わって西側の前に立ちはだかろうとしている。習近平の中国は、世界覇権の獲得と歴史的雪辱を国家の基本的進路に据えたように見える。

中国の核兵器増強には特色がある。中国は、米国やロシアのように核兵器に関する透明性をもって戦略的安定を図るという発想を取らない。自らの能力を隠し、また、米露を刺激する大陸間弾道弾の分野では控えめである。

ところが、ＩＮＦ条約で米露両国に禁止されていた地上配備の中距離弾道ミサイル（ＤＦ-21、ＤＦ-26）及び巡航ミサイルの配備には逆に力を入れてきた。もとより核兵器搭載が可能なミサイルである。それは台湾有事のような域内での使用を想定した核兵器であり、その対象は台湾であり、日本であり、グアムなどの太平洋にある米国の軍事基地である。中国は起きるはずのない米国本土との戦略核の応酬よりも、より実用的な域内での戦術核兵器の使用と恫喝に関心があるように見える。特に、核の恫喝には、中国が最も得意とする心理戦が絡んでくる。

核抑止とは、まずは心理戦だからである。核の恫喝は、日米離間のための最も有効な手段となり得る。米中間に、核戦略を巡って米ソ間のような最低限の透明性と相互信頼がないことは、同盟国を巻き込んだ心理戦を複雑なものとするであろう。

また、中国はロシアに倣《なら》って極超音速ミサイル（ＤＦ-17）の開発に余念がない。極超音速の飛翔体やミサイルには、今の日本のミサイル防衛能力では歯がたたない。

台湾には核の傘がない

中国が台湾併合を諦めることはない。中国は台湾が独立に動けば武力を行使すると公言している。それは国共内戦の終焉であり、日清戦争の雪辱である。台湾併合は、屈辱の近代史を終わらせるべく現れた中国共産党の栄光の歴史の最終章でなければならない。そこでは台湾住民の自由な意思は尊重されない。中国共産党は、人々の自由意思に統治の正統性を求めない。香港の自由圧殺と同じである。

今から10年後、中国の経済規模が米国を抜き、中国が強大な人民解放軍をもって台湾に侵攻しようとするとき、米国はそれを阻止できるだろうか。

台湾は2300万人の自由な人々が幸せに暮らす九州ほどの大きさの島である。日本列島から連なるユーラシアプレートの東端に位置する火山列島の一部であり、富士山より高い山も多い。そう簡単に取れる島ではない。台湾軍も全力で中国の着上陸侵攻を阻止しようとするだろう。しかし、有事には、中国の重要インフラへのサイバー攻撃、1000発以上の短距離ミサイル飽和攻撃、特殊兵による総統以下要人の暗殺など凄惨な事態が相次ぐであろう。中華民国政府が米国から正統政府の地位を奪われて以来、台湾に駐留米軍はいない。本格的な米台共同軍事演習もない。もとより核の傘もない。

第2次オバマ政権は、気候変動問題での中国との交渉にかかりきりで安全保障がお留守になった。第1次オバマ政権でカート・キャンベル国務次官補の仕掛けた「ピボット（アジア回帰）」の掛け声も、キャンベル氏がクリントン国務長官と共に政権を去った後、むなしく響いた。逆に、トランプ前政権は、台湾との関係増進に大きく舵を切った。しかし、安全保障面での牢固としたコミットメントがあったわけではない。

今の中国ならば、台湾併合のために日米同盟と正面からぶつかることは避けるであろう。だが、中国の経済規模が米国と肩を並べる10年後も果たしてそうなのか。米国の核抑止力なしで、強大な中国軍の台湾侵略を抑止できるのか。米中両国は相互核抑止に入っている。日本は米国の核の傘の下にある。しかし、台湾は米国の核の傘を与えられていない。中国が圧倒的な通常戦力で米軍来援前に短期戦で台湾を併合できると考えたとき、核の抑止力なくして対中抑止は効かないのではないか。中国の圧倒的な通常戦力での優位を考えれば、核先制攻撃の選択肢を捨て去ってはならない。

万が一、抑止が敗れれば、直近の先島諸島、尖閣諸島は自動的に戦域となる。時速2000キロを超える戦闘機には台湾戦域は狭すぎるからである。中国は、台湾島周辺2000キロ程度の海域を戦闘海域として封鎖するであろう。日本が台湾有事に巻き込まれる。そして南西方面で自衛隊の戦力が砕かれれば、太平洋の米国同盟網は瓦解する。

核シェアリングという選択肢

この厳しい緊張の中で、日本の戦略家には、強大化した中国軍を前に、冷戦期にドゴール仏大統領やシュミット西独首相の胸をよぎった疑念が出てこざるを得ない。万が一、台湾有事の戦火が日本全土に及び、東京や大阪が中国に核兵器で破壊されたとき、米国はニューヨークを犠牲にして報復するだろうか。米戦略軍は米大統領の命令さえあれば必ず報復するであろう。

では、時の米国大統領は核の報復に本当にコミットするだろうか。日本が中国から核の恫喝を受けたとき、時の首相は自信を以て国民に絶対の安全を説得できるのか。できはしないであろう。日本にその準備はない。首相官邸にも、外務省にも、防衛省にも、自衛隊にも、どこにもその準備はない。覚悟もない。十分な知識も戦略もない。核問題は国内冷戦が猛々しかった50年代以来、日本政治のタブーだったからである。今こそ、米国の核抑止の在り方を地域全体の枠組みの中で見直し、その信頼性を向上させることが必要である。

このような問題は、首脳同士で話し合われるべき問題である。残念ながら、日米同盟の歴史の中で、核問題に介入したのは、先に述べた通りＩＮＦ全廃を達成した中曽根康弘首相ただ一人である。80年代、欧州にＳＳ-20と呼ばれる中距離核ミサイルを持ち込もうとしたソ連に対してドイツが激高した。米国からパーシング2各巡航ミサイルをドイツ領内に導入して対抗しようとし、欧州世論は大きく動揺した。ユーロミサイル問題である。

ゴルバチョフ書記長は、欧州から極東にSS-20を移動してユーロミサイル問題を片付けようとした。これに怒った中曽根首相は、レーガン大統領に「アジアを犠牲にして欧州を守るのか」と怒りを露わにした。そして歴史的なゼロオプション（中距離核ミサイル全廃）を実現したのである。

今、強大化する中国軍を前にして、また、台湾有事の危険がリアルに浮上している中で、域内の核抑止問題を取り上げるのは日本の政治指導者の重大な責務である。核シェアリングは、米国の域内の核兵器配備と運用に同盟国が発言権を持ち、責任を分担することを意味する。それは米国の核抑止力の信頼性を飛躍的に向上させる。米国と同盟国の間に最高度の相互信頼がなければ実現しない。また、そのような核の協議は、日米同盟のみならず、米豪同盟を巻き込むものでなくてはならない。米国の太平洋同盟のうち、真に軍事的な力を持っているのは、日米同盟、米豪同盟だからである。

韓国も左翼政権が交代すれば、いずれかの時点で北東アジアの核協議に引き込まなければならない。すでに核アレルギーのない韓国では韓国独自核、核シェアリングの議論が出始めているという。左翼政権、保守政権で戦略的方向性が180度変わる韓国だが、軍備増強の方針は国を挙げて一致している。むしろ左翼政権のほうが韓国軍増強に熱心である。この韓国を西側に深く引き戻さねばならない。成熟した民主主義国家であり、すでにロシアの経済力を抜き、総軍60万の韓国との戦略的連携は、簡単に諦めてよい話ではない。少なくとも米国はそう考える。すでに日韓両国は、米国から見て飛車角のような最重要な駒である。韓国は、日本と並ぶ最重要な出城である。中国を抑止するために、米国の核抑止力の信頼性をどう高めるのか。日米韓豪の首脳間で真剣な協議が始まる時期に来ている。台湾もまた何らかの形で静かな協議の対象に含まれねばならないであろう。

2 「核拡散防止と核の保証」報告書・抄訳

2021年2月、米国のダルダー元駐NATO大使（現シカゴ・グローバル・アフェアーズ評議会理事長）がタスクフォースを立ち上げ、世界に核専門家を募って「核拡散防止と核の保証（原題 Preventing Nuclear Proliferation and Reassuring America's Allies）」という報告書を発表した。筆者も、共同執筆陣に加わることとなった。ここに筆者による抄訳を紹介する。

「核不拡散防止と核の保証」

シカゴ・グローバル・アフェアーズ評議会

・共同議長

チャック・ヘーゲル元米国防長官
マルコム・リフキンド元英国外相・国防相
ケビン・ラッド元オーストラリア首相

・構成員

阿部信泰元内閣府原子力委員会委員
カール・ビルト元スウェーデン首相・外相
リチャード・バート元駐独米国大使・ＳＴＡＲＴ首席交渉官
エスペン・バース・エイド元ノルウェー外務相・国防相
フランソワ・エイスブール元ＩＩＳＳ所長
ウォルフガング・イッシンガー元ドイツ外相
兼原信克　元日本国国家安全保障局次長
イ・サンヒ元韓国国防相
カーティス・スカパロッティ元ＮＡＴＯ欧州最高司令官
ラデク・シコルスキー元ポーランド外相・国防相

シナン・ユルゲン元トルコ外交官
ユン・ビョンセ元韓国外相
・ディレクター　イヴォ・ダルダー元米国NATO代表部大使

【情勢認識】

2030年、新奇な地震波が北極圏付近で探知され、地下核実験によるものと推測された。さらにもう1カ国が核兵器クラブへの参入を宣言した。すでに、核兵器クラブは20カ国を数えている。わずか10年前と比べても2倍の数だ。2023年、いくつかの米国の同盟国が核不拡散条約遵守を止めて、数十年前に放棄した核能力を獲得しようとしていた。それ以来、世界中の国が核兵器の獲得に奔走した。その結果、国際安全保障環境は次第に不安定になっていった。核兵器に関する政策決定中枢があちこちに散らばれば、核兵器が使用されることは必然である。それが生む結末は、誰にも計算できない。

以上の話は、少しおどろおどろしすぎただろうか。しかし、このシナリオは、多くの人が思うよりも現実に近いものである。1963年、ジョン・F・ケネディ大統領は、10年以内に核が拡散する世界が登場すると警告した。米国やその他の国々のインテリジェンス機関も、そのような傾向が向こう数年で加速化すると予測していた。もちろん、そうはならなかった。キューバ・ミサイル危機で核戦争の瀬戸際に立った後、米国とソ連は両国の核を巡る関係を安定させ、核兵器の拡散を防止するための努力を倍加した。それ以来、わずか4カ国だけが核武装した。インド、イスラエル、パキスタン、北朝鮮である。どれもみな、米国の同盟国ではない。

核不拡散条約体制が成功するための不可欠な要因は、米国の同盟国に対する核の傘であった。米国は、1960年代以降、世界中の同盟国に核の傘を提供し、同盟国の領土を守り、安全を保障してきた。同盟国のほうは、独自の核兵器開発に向かうよりも、その代替策として米国の核の保証に依存する道を選んだ。オーストラリア、ドイツ、イタリア、日本、韓国、そしてトルコである。

米国は、NATOの中で核シェアリングのアレンジメントを進め、また、欧州とアジアに核能力を有する兵器システムを配備することにより、自らの核の約束の信頼性を高めてきた。そして、ロシアの新世代中距離ミサイル配備や、北朝鮮の核兵器及び長距離ミサイル開発のように、新しい事態が米国の核の保証に対する疑念を生む度に、必ず米国は、同盟国に対して、米国の核の保証は強力であり信頼できるものであると説得し、安心させるように努力してきた。その結果、NPT体制は、生きのびたというだけではなく、1995年には、加盟国の満場一致で無期限延長に合意されたのである。

新しい安全保障上の挑戦

冷戦の終了と同時に、核抑止や米国の核の保証に対する懸念は後景に退いた。冷戦中は、核問題こそが米欧関係、米アジア関係の中心的議題であった。何千という核兵器が同盟国の領域に配備されていたが、それらは撤収され、代わりに大幅な兵器削減交渉が始まり、かつての敵との政治関係の改善が模索されるようになった。しかしながら、それは一時的なものだった。

最近では、米国の核の保証に関する疑念が、欧州やアジアで再び頭をもたげ始めている。欧州やアジアの同盟国は、再興するロシア、台頭する中国、核武装する北朝鮮という軍事的脅威の増大に直面している。にもかかわらず米国の歴代政権は、長期にわたる米国の核のコミットメントから撤退する動きを見せてきた。取り残された世界中の同盟国は、自らの防衛と安全のために、核であれ、あるいは他の手段であれ、これからも米国に依存してよいのかどうか、考えをぐらつかせ始めている。

過去20年、ロシアのウラジーミル・プーチン大統領は、ロシアの超大国の地位を再び手にすることだけに集中してきた。彼は、体系的な戦略を以て西側に挑戦しはじめた。米欧関係の弱体化、近隣諸国及びその周辺におけるロシアの戦略的地位の強化を目指してきた。

プーチンは、大規模な軍の近代化を図り、近隣諸国やNATOを恐怖させてきた。プーチンは、通常戦力を実質的に改善するだけではなく、実際にそれを欧州や欧州域外で使用する意思を見せてきた。さらに、モスクワは近隣であれ、遠方であれ、目的を攻撃できる新しい核戦力に大規模な投資をしてきた。カリーニングラードや西部ロシアには核搭載可能なイスカンデルミサイルを配備し、新型の地上配備巡航ミサイルを配備して中距離核全廃条約に明白に違反した。最後に、ロシアは非戦略核を軍事戦略に組みいれることにより、核兵器をもって、特に近隣諸国を恫喝している。

アジアに目を転じれば、40年間にわたり止まることのない経済成長と拡大を経験した中国が台頭し、今や中国は域内最強の国となった。2030年までには、経済力で米国を追い越し、軍事的にも、経済的にも、米国と対等の競争相手になるであろう。2017年、習近平主席は、ついに中国が世界の檜《ひのき》舞台の中心に立つ新時代の到来を宣言した。野心的な3兆ドルのインフラ投資は、中国の影響力を、南アジア、中央アジアからさらに欧州、北アフリカへと伸長させた。中国は、さらにアフリカやラテンアメリカに巨額の投資を行い、中国の市場を切り開くとともに、新しい従属関係を生んだ。中国の軍事費は2桁の伸びを数十年に亘り続けており、中国の通常戦力はその規模と能力において米国に次ぐものとなっている。

アジアにおける中国の地位は徐々に圧倒的なものになりつつある。長い間、本土防衛に集中していた中国は、今や自らの海岸線を遥かに超えた戦力の投射を開始しており、台湾海峡や南シナ海の島嶼紛争へのプレゼンスによって恫喝を行い、ジブチに海外基地を設け、地中海、ペルシャ湾、バルト海においてロシアと海軍の共同演習を行っている。

中国は、核兵器クラブに参入した最後の大国であり、長い間、最小限度の核抑止力に依存してきたが、北京は今や、核戦力の近代化を加速し、「かつてないほど多様で多数の核兵器」を配備しつつある。全般的な核兵器レベルはまだ控え目ではあるが、すでに300発の核弾頭を配備しており、中国がその気にさえなれば、さらに多数の核兵器を配備できるであろう。まさに、米国防情報局(DIA)は、2020年代終盤には、中国は核弾頭配備数を2倍にできるだろうと警告している。中国の核能力と野心を考えて、歴代米政権は、北京を戦略対話に引き込み、最近では核軍縮交渉に引き入れようとしてきたが、これまでのところ、何らの成果も挙がっていない。

北朝鮮に目を転じれば、北朝鮮はその核兵器能力とミサイル能力の発展を継続してきている。3度にわたるトランプ大統領と金正恩書記長の会談を含め、長年にわたる外交努力が行われたが、平壌は核戦力と長距離ミサイル戦力の近代化と拡大に固執した。北朝鮮の保有核弾頭数は50発から70発と推測されている。北朝鮮は、すでに1000発以上の短距離、中距離ミサイルを配備しており、それらは韓国全土のみならず、日本やアジア太平洋地域の米軍基地も射程に収めている。

ハノイでの米朝首脳会談が不調に終わった後、北朝鮮は、ミサイル実験を加速化し、年7発の核爆弾をつくるに十分な核物質を生産し、潜水艦発射の新型弾道ミサイル等の新しい兵器を軍事パレードで披露している。新型の戦略兵器登場を約束していた金正恩は、昨年10月、北朝鮮労働党創設75周年記念に際し、米国の東海岸にまで届く世界最大の大陸間弾道弾を軍事パレードで披露した。

地域安全保障に対する脅威は増大している。これらの挑戦に対処するために、米国は引き続き同盟国防衛の約束を守るだろうか。同盟国の疑念は、逆に年を追うにつれて高まっている。トランプがホワイトハウスで執務する以前から、主要同盟国は、米国が地球的規模の責任や義務から撤退しつつあり、四囲の状況から必要だと思われるような場合でも、力をもって行動することに失敗してきたと懸念している。

端的な例が、シリアが化学兵器を使用したときである。トランプは、中東での「終わりのない戦争」はもとより、死活的に重要な同盟国からさえも米軍を撤収させようという明白な意欲を持っていた。また、トランプは、同盟関係を、狭い意味での取引の対象としか考えず、常に金銭的な損得勘定でしか見ることができなかった。それは同盟国の側に、米国は本当に世界的大国の地位にとどまる気があるのだろうか、米国はむしろ引きこもりたいように見える、という懸念を一層掻き立てたのである。

バイデン新大統領は、安全保障のための同盟関係を再構築し、米国の集団防衛の約束を再確認すると強調しているが、同盟国は、米国が戦後の安全保障のコミットメントにこれからも長い間コミットし続けるかどうか、依然として深い懸念を有しているのである。

同盟国にとって同様に懸念されるのが、ワシントンが加速度的に進めようとしている核軍備管理体系の解体努力である。それは2002年の弾道弾迎撃ミサイル（ABM）制限条約に始まり、イランとの核合意（JCPOA）離脱、INF条約離脱、オープンスカイ条約離脱と進んだ。将来的には新STARTからの離脱が懸念される（訳者注：バイデン新政権は新STARTを延長した）。これらの離脱決定がなされるとき、これら条約からの米国離脱によって直接安全保障上の影響を受ける同盟国は一顧だにされなかった。これらの離脱決定は、その総体として、各同盟国の政府の中に、今後も米国を信用し続けてよいのかという深刻な懸念を生んだ。もし彼らが米国を信用できないとしたら、彼らはこの核の時代にどうやって防衛と安全保障を全うする気なのだろうか。

米国の同盟国は自ら行動する

核兵器国と非核兵器国という対等ではないパートナー同士の安全保障上のパートナーシップは、核の抑止（deterrence）と保証（reassurance）という二重の動的構造を特徴として持つ。圧倒的な強さを持つ同盟国は、敵を抑止すると同時に、弱体の同盟国の安全を保証する。両者のうちで、同盟国への保証のほうが往々にしてより難しい。特に、核の次元ではそうである。なぜならば、敵方は、紛争が核の衝突にエスカレートするかもしれないという僅《わず》かな危険によっても抑止され得るだろうが、同盟国のほうは、核兵器を持つパートナーが自国を防衛することが確実であると信じることによってのみ安心するからである。言い換えれば、非核兵器国たる同盟国の安全は、核兵器国の同盟国の行動に依存しているわけであるから、非核兵器国たる同盟国は、常に有事に際して自分が捨てられるのではないかと恐れることになるのである。

変貌する安全保障環境は、ロシアの再興、中国の台頭、北朝鮮の冒険主義、そして米国の撤退によって特徴づけられる。それは、米国と欧州及びアジアの同盟国にとって、抑止と保証のジレンマを新しい形で突き付ける。この数十年という長い間、米国と同盟国の安全保障関係において、核の次元は等閑視《とうかんし》されてきた。このジレンマは新たな挑戦である。

実は、核抑止と核の保証に関する議論は新たに再開されているが、ほとんどの同盟国において、それは世論の目の届かないところで行われてきた。

しかし、この問題は安全保障上の脅威が増大するにつれて、ますます先鋭化している。米国も米国の同盟国も、この現実から目を背けてはならない。米国の同盟国における新たな核拡散を防ぐためには、これまで長い間「考えられもしなかったこと」が再度「考え得ること」となりつつあることを認める必要がある。

○ドイツ　ドイツにおける核を巡る議論は、近年、2つの範疇《はんちゅう》に大きく分かれつつある。第1は、古くから行われている米国の核兵器のドイツ領内への配備とNATOの核ミッションにおけるドイツの役割の維持である。最近、ドイツは核非核両用（Dual）のトルネイドー戦闘機を米国製のF‐18に代替する決定を行った。これはドイツが考え得る将来において核に関する役割を担い続けることを意味する。第2は、ドイツ及びNATOに対する米国の安全保障上のコミットメントへの増大する懸念と、それが拡大核抑止に対してもたらす影響に関するものである。公式には、ドイツ政府は現状以外の如何なる選択肢も拒否している。しかし、政府の外では、米国による核の保証以外の可能な選択肢を示唆する声がどんどん強くなっている。その中には、フランスとイギリスと新しい能力を組み合わせて、英仏といった欧州域内の核の傘を頼るという案が含まれる。フランスは、すでに核抑止に関する「戦略対話」に関心のある欧州諸国を招いており、かかる協力に対してドアを開いている。

○ポーランド　国境を接するカリーニングラードからのロシアのミサイルの脅威をますます強く感じざるを得ないポーランドは、NATOにおける核抑止政策策定に絡むことを強く求め、米国の欧州における核のコミットメントをさらに強化するべきだとの論陣を張ってきた。政府の中には、米国の核兵器のポーランド領域内配備を考えるべきだとの意見もあり（昨年5月には、米国の駐ポーランド大使も同じ意見を述べていた）、欧州レベルの核抑止が可能になるのであれば、その一翼を担いたいとの意見もある。2017年のインタビューでは、ヤロスラフ・カジンスキー元首相は、欧州は、ロシアの核戦力に匹敵する核戦力を保有し、「核の超大国」になるべきだと述べている。しかし、大部分の政府関係者は、代替的な核の取り決めには消極的であり、米国とNATOだけが唯一の信頼できる核の傘の保証人であると考えている。

○トルコ　近年、トルコは、外交政策、安全保障政策において、より独自の立場を取るようになった。トルコは、米国を含むNATO同盟国と、シリア、イラク、難民、対露関係に関して同調することを拒んだ。これまでたびたび、アンカラは独自の道を歩むことに躊躇《ためら》いを見せなかった。米国やNATOの明白な反対を押し切って、ロシアから先端をいくミサイルや防空システムを購入した。トルコの近隣は危険な地域である。潜在的な域内の敵国が核兵器を保有することも十分にあり得る地域なのである。今年、アンカラは、シリア、リビア、コーカサスにおいてロシアと対立する立場を取った。エルドアン大統領は、最低限、独自の核兵器を保有する可能性を閉じたくないと示唆する発言を累次にわたって行っている。「いくつかの国は核弾頭を積んだミサイルを保有しているのに自分たちはそれらを持つことができない。こんなことは受け入れられない」と実際に述べているのである。ただし、エルドアンにこのような発言をさせているのは、米国の核の保証に対する懸念というよりは、危険性を増す地域環境、ナショナリスト的な野心、そしてNATOとの緊張関係であろう。

○日本

日本における核に関する議論は、唯一の核被爆国として独特の文脈で行われている。左右を問わず世論の中では、核兵器に対する反対、核軍縮への支持は強い。同時に、1970年代初頭にNPTに加入する際の議論が示すように、東京は、米国による安全保障上の保証と核の傘が、自らの安全保障にとって不可欠であるとみなしている。自己主張を強める中国や増大する北朝鮮の核とミサイルの脅威に照らせば、北東アジアの全般的な安全保障環境が劣化し続けていることは自明であり、米国への依存はいよいよ死活的に重要性となってきている。それゆえにこそ、米国のコミットメントへの信頼性と持続可能性に対する疑念が、日本の安全保障政策関係者の間で、やかましく取りざたされているのである。これまでのところ日本独自の核を保有しようという真剣な議論が行われたことはない。しかし、他の選択肢を考えるべきだという議論はある。例えば長距離の打撃能力の獲得である。米国政府の政策的方向性に対する不安の証《あかし》として、日本は、安全保障に係る取り決めについて、他の選択肢をも公に検討するようになってきた。その1つが豪州やインドとの協力関係強化である。

○韓国　ソウルの歴代韓国政府は、1992年の南北非核化合意、2005年の6カ国核合意、また、北朝鮮の完全かつ検証可能な非核化を求める累次の国連安保理決議の実施を進めることで、増大する北朝鮮の核とミサイルの脅威に対処しようとしてきた。北朝鮮との直接の関与や交渉が重要だと考える者、対外的な圧力を重要と考える者もあったが、皆、押しなべて米国の直接のプロセスへの関与を歓迎した。しかしながら、4半世紀を経て、3度の米国と北朝鮮の直接の会談があったにもかかわらず、北朝鮮の向かう方向を逆転させることに成功していない。ワシントンの最近の北朝鮮の能力減殺努力のあり様を見て、また、北朝鮮のミサイル発射実験が、たとえそれが米国の領域を射程に入れるものになり得るにもかかわらず、米国が何もしようとしない様子を見て、ソウルでは、多くの人々が北朝鮮の核ミサイル計画が取り返しのつかないレベルになるまで、米国はその脅威を無視するのではないかと心配している。中には、米国は、インドやパキスタンのように、北朝鮮を核兵器国であると黙認して、核兵器の完全放棄という立場を捨て、北朝鮮との軍縮協議に入ろうとするのではないかと恐れているものさえいる。米韓軍事演習は止まっており、また、ワシントンからは在韓米軍費用を急激に増額せよとの矢のような催促である。その結果、多くの韓国人が他の選択肢を考え始めている。その選択肢とは、一方で、現状よりはるかに緊密な核計画と核のシェアリングがあり、米国の非戦略核の韓国再配備、及びそこでの韓国の役割は何かという点が含まれる。他方では、韓国独自の核抑止力開発を求める意見さえある。

○オーストラリア　ますます強くなる域内での中国の自己主張に対応して、豪州は、第2次世界大戦終了以来「最も重要な防衛政策の戦略的再編」に取り組んでいる。新しい

「2020防衛戦略改訂」は、2020年7月に発表されたが、そこにはコロナウイルス危機後の不吉な世界が描かれている。インド太平洋地域は、地球的規模での戦略的競争の中心舞台となるであろうという予言である。豪州は、対米同盟を防衛政策の基軸だと考えている。海外から、あるいは豪政府の元官僚たちから、核兵器を忌避する立場を再考せよという意見が表明されるが、現在の政策から離脱するような動きはない。同時に、政府は防衛態勢と抑止力の信頼性強化のために長射程のミサイル攻撃能力を取得するべきだとしている。しかし、もし米国への信頼が本当に揺らげば、さらに一歩進んで豪州の非核政策に関する議論が再燃するかもしれない。

【具体的提案】

バイデン新政権は、長期にわたる同盟国へのコミットメントを再確認すると誓っているが、政権内の政策変更だけでは、核の傘を含む米国の安全保障上の保証に対する同盟国の信頼を回復するには十分でない。すでに信頼は破壊されているからである。米国のコミットメントに対して同盟国を安心させるためには、まるで何事もなかったかのように普段通りに振る舞うというわけにはいかない。それ以上のことをやらなければならない。ワシントンがその信頼を回復したいのならば、米国と同盟国の双方が共に参加する集団防衛の枠組の中で、信頼を再構築するために、時間をかけて大いなる努力をする必要がある。

米国は、安全保障上のコミットメントに対する信用と信頼を取り戻す必要がある。そこには核の保証が含まれる。米国は、新しい明白な形でコミットメントを示す必要があり、欧州とアジアの同盟国と緊密に協力して、集団防衛の枠組を新たなものにしていかなければならない。その努力には、長い間無視されてきたにもかかわらず、現在、再び重要性を増大させつつある核の次元が含まれる。同時に同盟国のほうでも、ワシントンとの関係及び同盟国間の関係の再構築に助力するべきであり、また、米国の安全保障に関する再保証を、より信頼できかつ説得力のあるものにするよう助力するべきである。全ての同盟国は、核兵器及び通常兵器における軍備管理の枠組を再吟味し、米国、ロシア、中国、そして鍵となるアジアと欧州の主要国との関係を導いていかねばならない。

そのために、私たちは下記を勧告するものである。

①米国のリーダーシップの再構築

米国が、核の保証を再度確約することを含めて、同盟国に対する安全保障上の信頼を再確立するためには、3つの方策がある。

・米国大統領は、基盤であり要である米国の安全保障上のコミットメントを再確認するべきである。米国大統領は、条約に基づく集団防衛の義務を再度確約し、ドイツ他の地域からの米軍撤退の決定を覆し、欧州とアジアに展開する米軍のための長期的でバランスの取れた費用分担を交渉するべきである。

・米国は、同盟国との関係において、核兵器の突出した重要性について能動的に問題提起していくべきである。その際、核に関する計画決定過程の当初から同盟国を招き入れ、危機管理に関する諸々の演習を増やし、正規のシミュレーションゲームに最高レベルで同盟国の指導者を呼び込むべきである。

・米国は、欧州とアジアの同盟国の抑止力と防衛能力を増進するための手段を講じるべきである。欧州とアジアの通常兵力における防衛能力を増進させ、更なるミサイル防衛能力を展開し、戦術的核兵器に係る態勢を見直して、米軍の前方展開のシステムと安全保障に関するコミットメントが十分であることを同盟国に得心させねばならない。

②欧州の防衛能力の強化

大西洋をまたぐ米欧関係を再度均衡の取れたものにすることは喫緊の課題である。

・欧州の同盟国は、自らの防衛と安全保障に対してより大きな責任を負うべきである。そして米国は欧州諸国間の防衛と安全保障に関する協力と自律性を、積極的に奨励し促進するべきである。

・欧州諸国の防衛協力は、実際の軍事能力に焦点を当てるべきであり、ただの協議プロセスに留まっていてはならない。欧州諸国は、戦闘能力改善のための真の投資を行うという既存の約束を果たし、自らの軍隊の全般的な即応態勢と緊急展開能力を増進させなければならない。

・欧州諸国は核の次元での防衛努力を増進するべきである。NATOの核兵器に関する既存の任務遂行のための能力を維持、増進するべきである。また、英仏両国は、その核の傘を欧州の同盟国に差し掛けるべく協働するべきである。

③アジアにおける多国間の枠組による抑止力

ワシントンにとってアジアは、米国の地球的規模での関与において、戦略的にも地政学的にも第一義的な重要性を持つ地域として、ますます強く認識されつつある。米国と主要な同盟国がその戦略を協調させ、共に努力することの死活的重要性が一層増大しつつある。

・米国は、日本及び韓国との3国間の安全保障協力に高い優先順位を与えるべきである。それは北朝鮮の脅威に対抗し、アジア全体の多国間安全保障の枠組を考えるための前提である。

・米国は、アジアの核計画グループを創設するべきである。オーストラリア、日本、韓国を米国の核計画決定過程に招き入れ、これらの同盟国に対して、米国の核戦力に関連する特定の政策について協議する場を設けるべきである。（傍線訳者）

・「クワッド」（日米豪印）の安全保障対話は、いつの日か韓国も対話に招き入れることを考慮するべきである。

④多国間軍備管理

核兵器の世界において最大の未知数は、中国の核抑止力の範囲と究極的な規模である。米国と同盟国は、中国の不透明な核戦力を透視し、その能力についてより深い洞察力を持ちたいと真剣に考えている。軍備管理は、その努力において役割を果たし得る。軍備管理は、核能力に関する透明性を向上させ、双方の意図に関する見解を交換し、全般的な核に関する関係を安定せることになるからである。

・米国とロシアは、ＳＴＡＲＴを延長し、新しい米露２国間の軍備管理の合意を目指して交渉するべきである。新しい合意は、全ての核弾頭を対象とするものであってよい。即ち、貯蔵庫にある核弾頭、新型の核兵器運搬システムを含むものでありえる。そうすることによって米国の同盟国に対して決定的に重要な安心感を保障することができる。

・国連安保理常任理事国（Ｐ５）は、核兵器に関する戦略対話を始めるべきである。戦略的安定に関する真剣な対話、攻勢と守勢の関係、新技術の影響、その他の戦略的問題について話し合うべきである。

・国連安保理常任理事国（Ｐ５）は、核に関する信頼醸成と透明性向上のための手段について交渉するべきである。第1段階としては、米露両国が他の核兵器国代表を招いて、米露両国が既存の軍備管理上の義務に応じて行う査察を視察してもらうことが考えられる。

・多国間の核軍備管理努力は、中国の関与に特に重点を置いたものとするべきである。中国を戦略核兵器削減交渉と類似の対話に関与させ、第1段階として新ＳＴＡＲＴの監視に参加してもらい、最終的には米中露が可能な限り低い水準に戦力を限定することに合意できれば良い。

【結論】

50年以上の間、米国の安全保障に関する諸同盟は、核兵器の不拡散を確実にするために決定的に重要であった。欧州とアジアの同盟国に核の傘を差し掛けることによって、米国は核攻撃や核の恫喝から同盟国の安全を保証し、彼らが核能力を獲得する必要性を除去してきた。しかしながら、同盟国の直面する安全保障環境は急激に変化している。ロシアは攻撃的にその影響力を行使しており、中国はかつてなく大胆になり、地球的規模で影響力を拡大しようとして野心を膨らませている。北朝鮮は核とミサイルの能力を拡大しつつある。米国は政治的に分断されており、その地球的規模での関与に疑問符が付き始めている。

このような激変する環境に直面して、米国の同盟国は、同盟の長期的な有効性に対する不確実性を強く感じており、核の次元を含めて、安全保障に備えるために、別の選択肢となりえる取り決めを検討し始めている。

バイデン米新政権は、執務開始と同時に米国の諸同盟の再構築に高い優先順位を与えるとしている。先ずは欧州とアジアにおける集団防衛の義務を再確認することが必要であり、その動きは歓迎されるであろう。しかし、同盟の再構築のためには、大統領の口先の言葉だけでは十分ではない。同盟国との関係をより基本的な形で変えていかなければならない。抑止力と防衛能力全般を向上させ、欧州とアジアの同盟国を米国の核計画決定過程に招き入れ、軍備管理努力をロシアだけではなく、他の国々、特に中国に対して拡大しなければならない。それは決して不可能な課題ではない。しかしながら、その緊要性は過小評価されている。欧州とアジアの安全保障の基礎を提供してきた米国の諸同盟を再構築しなければ、米国の同盟国における核拡散という問題が、再び浮上するかもしれないのである。

注・報告書はシカゴ・グローバル・アフェアーズ評議会のホームページに掲載されている。ここでは報告書の中の、国際情勢認識部分と要約（executive summary）の具体的提言部分を抄訳した。

【引用・参考文献】

本書は、筆者の初出論文や対談記事、講演録などに加筆して再構成したものである。対談については筆者の発言部分のみ抜粋した。

第1章　「『台湾有事』は日本の有事である」（産経新聞「正論」欄2021年4月21日付）
「尖閣問題『棚上げ』合意の虚妄」（産経新聞「正論」欄2021年6月8日付）
「『台湾有事』が現実味を帯びる、中国の膨張を支えるもの」（『ダイヤモンド・オンライン』2021年5月6日）
第2章　「デジタル安保でも欠如する国防意識」（『正論』2021年6月号）対談
「科学技術と経済安全保障」（科学技術と経済の会講演2021年4月1日）
「『安全保障産業政策』の立案急げ」（産経新聞「正論」欄2021年6月30日付）
第3章　「自信を持ちすぎた中国の『悲しき末路』…大日本帝国の姿と重なって見える」（『現代ビジネス』2020年10月15日）
「『台湾有事』が現実味を帯びる、中国の膨張を支えるもの」（『ダイヤモンド・オンライン』2021年5月6日）
第4章　「戦後75年の日本外交を振り返る」（『公研』2020年8月号）対談
第5章　「自由主義団結で中国に勝利できる」（『正論』2020年10月号）

「日本が主導すべき西側の対中大戦略」（『正論』２０２１年1月号）
「自由で開かれたインド太平洋推進議連」創立記念講演（２０２１年6月15日）
「日本の安全保障戦略４」（夕刊フジ・コラム２０２１年3月19日付）
「アジアの核抑止に核シェアリングを」（『正論』２０２１年4月号）
「『核拡散防止と核の保証』報告書が突きつける課題」（『海外事情』２０２１年３・４月号）

第6章

その他、自著「安全保障戦略」（日本経済新聞出版）「戦略外交原論」（同）「歴史の教訓――『失敗の本質』と国家戦略」（新潮新書）、及び共著「自衛隊最高幹部が語る令和の国防」（同）「決定版　大東亜戦争（下）」（同）を参考にした。

[略歴]
兼原 信克（かねはら・のぶかつ）
同志社大学特別客員教授
1959年山口県生まれ、80年外務公務員採用上級試験合格、81年東京大学法学部卒業、同年外務省入省、条約局法規課長、総合外交政策局企画課長、北米局日米安全保障条約課長、在アメリカ合衆国日本国大使館公使、総合外交政策局総務課長、外務省大臣官房参事官兼欧州局、在大韓民国日本国大使館公使、内閣官房内閣情報調査室次長、外務省国際法局長、内閣官房副長官補、内閣官房副長官補兼国家安全保障局次長を経て、2019年退官。20年より現職。主な著書に『戦略外交原論』『安全保障戦略』（以上、日本経済新聞出版）、『歴史の教訓』『自衛隊最高幹部が語る令和の国防』（共著）『決定版　大東亜戦争（下）』（共著）（以上、新潮新書）など。

現実主義者のための安全保障のリアル

2021年10月14日　　第1刷発行

著　者　兼原 信克
発行者　唐津 隆
発行所　株式会社ビジネス社
〒162-0805　東京都新宿区矢来町114番地 神楽坂高橋ビル5F
電話　03(5227)1602　FAX　03(5227)1603
http://www.business-sha.co.jp

〈装幀〉大谷昌稔
〈本文組版〉茂呂田剛（エムアンドケイ）
〈印刷・製本〉中央精版印刷株式会社
〈営業担当〉山口健志
〈編集担当〉宇都宮尚志

ISBN978-4-8284-2335-7